VOYAGE
EN GRÈCE.

II.

VOYAGE
EN GRÈCE,

FAIT DANS LES ANNÉES 1803 ET 1804,

PAR J. L. S. BARTHOLDY;

CONTENANT des détails sur la manière de voyager dans la Grèce et l'Archipel; la description de la vallée de Tempé; un tableau pittoresque des sites les plus remarquables de la Grèce et du Levant; un coup-d'œil sur l'état actuel de la Turquie et de toutes les branches de la civilisation chez les Grecs modernes; un voyage de Négrepont, dans quelques contrées de la Thessalie, en 1803, et l'histoire de la guerre des Souliotes contre Ali-Visir, avec la chute de Souly en 1804.

TRADUIT DE L'ALLEMAND,

PAR A. DU C****.

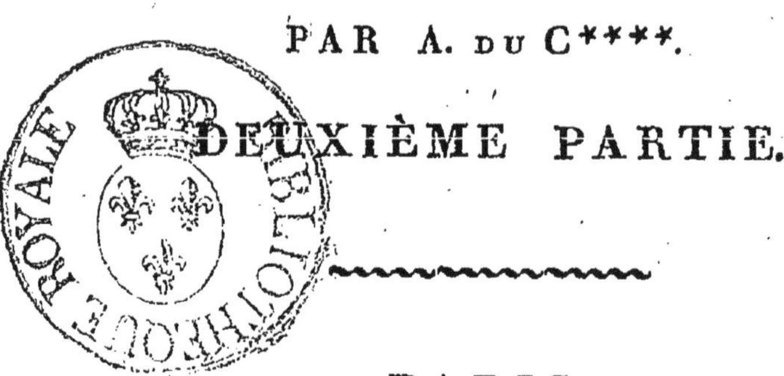

DEUXIÈME PARTIE.

PARIS,

DENTU, Imprimeur-Lib.re, rue du Pont-de-Lody, n.° 3.

M. D. CCC. VII.

VOYAGE
EN GRÈCE.

DE L'ÉTAT DE LA CIVILISATION
CHEZ LES GRECS MODERNES;

DE LEUR DANSE, DE LEUR CONSTITUTION PHYSIQUE; DE L'ÉTAT DE LA SCULPTURE, DE LA PEINTURE ET DE LA POÉSIE PARMI EUX.

. . . . *Sic omnia fatis*
In pejus ruere et retrò sublapsa referri.
VIRG. Géor.

Le 6 janvier 1803, M. Coray, docteur en médecine et membre de la Société des Observateurs de l'homme à Paris, lut dans une séance de cette société, un mémoire sur l'état de la civilisation parmi les Grecs, ses compatriotes; mémoire dans lequel, à côté de plusieurs notions non moins justes qu'intéressantes, il s'en trouve aussi quelques-unes auxquelles la partialité paraît avoir un peu trop présidé. Après le métropolitain Bulgari, à Saint-Pétersbourg, traducteur en anciens hexamètres grecs de l'Æneïde et des Géorgiques de Virgile, M. Coray est sans contredit le plus savant de tous les Grecs vivant aujourd'hui. Entre plusieurs traductions, sa nation lui doit celle du célèbre ouvrage de Beccaria, *sur les délits et les peines*, de même que plusieurs éditions des auteurs anciens, etc.

Je suivrai ici le fil de quelques-unes de ses notions, que je tâcherai en même tems d'éclaircir et de rectifier. Il ne m'appartient pas de décider de la justesse de celles qui me sont propres; mais je puis répondre du moins que j'ai mis à admettre ou à rejeter les siennes, la plus scrupuleuse impartialité, et le dépouillement le plus absolu de toute espèce de prévention.

« Si l'on peut observer avec fruit l'état « d'une nation, » dit M. Coray, « c'est principalement à l'époque où cette nation « dégénère des vertus de ses ancêtres, « comme aussi à l'époque où elle se ré- « génère. »

Là-dessus il tâche de prouver que c'est précisément dans ce dernier cas que se trouvent aujourd'hui les Grecs; mais c'est une tournure oratoire, qui ne fut jamais plus usitée que de nos jours, de s'écrier après avoir décrit la tyrannie des Turcs et les suites funestes qu'elle a eues pour la Grèce, que, « grace au ciel, l'aurore ne « tardera pas à paraître! » puis de peindre cette aurore sous les couleurs les plus séduisantes, d'y faire succéder rapidement le jour le plus radieux, et de voir ainsi de la faible lueur d'une lampe, sortir en un instant l'illumination d'un palais enchanté.

« La dernière de ces révolutions qui ont « plongé la Grèce dans les ténèbres, qui « date de près de quatre siècles, l'a mise « dans un état de léthargie semblable à « celui où se trouvait l'Europe avant la « renaissance des lettres. »

L'auteur fait ici évidemment allusion à l'année de la conquête de Constantinople par les Turcs (1453); mais je suis loin d'attribuer à cet événement une influence aussi absolue sur la dégénération de la Grèce. Les Grecs modernes seraient trop heureux que le feu de leur génie se fût éteint tout-à-coup et par la puissance d'une force supérieure, à-peu-près comme les oracles, qui restèrent muets aussitôt après la naissance de Jésus-Christ; mais ce fut bien plutôt par une dégénération lente et successive, dans laquelle les restes de leurs connaissances utiles allèrent dépérissant peu à peu, comme les forces de leur Empire; au lieu que chez les Occidentaux, l'étincelle du génie ne tarda pas à se rallumer.

Après le passage de l'armée d'Alaric au travers de la Grèce, Synesius [1] comparait Athènes et ce pays en général, à la peau sèche et aride d'un animal empaillé.

« Trente ans auparavant, sous Julien, » dit Meiners [2], « Nicopolis, Athènes, Eleu-« sis et toutes les villes de la Macédoine, « de l'Illyrie et du Péloponèse, n'offraient « plus que des monceaux de décombres. « Les temples des dieux, les gymnases, les « bains et les murailles étaient en ruines; « les aqueducs brisés ou obstrués; les mai-« sons, les rues et les chemins dépourvus « de population; les champs et les jardins

[1] Ep. 171.

[2] Dans sa comparaison du moyen âge, en citant à son appui Mam. Grat. Act. Julian. c. IX.

« privés de bras pour les cultiver, parce « que les impôts exorbitans et les vexa« tions de tout genre avaient anéanti ou « dispersé les habitans. »

Un passage de Plutarque dans son traité : *Pourquoi la Pythonisse ne parle plus en vers*, nous montre clairement combien de son tems, c'est-à-dire à une époque beaucoup plus reculée encore, la Grèce était déjà affaiblie et dépeuplée. « Au reste, si « quelqu'un soutenait que la Grèce a plus « ressenti que les autres pays cette dépo« pulation commune à presque toute la « terre, suite des guerres et des troubles « qui l'ont agitée, et qu'elle peut à peine « aujourd'hui mettre trois mille hommes « sur pied (le même nombre qu'autrefois « les Mégaréens envoyèrent au secours des « Platéens), et que de là ensuite il tirât la « conclusion que la Divinité, en abandon« nant tant d'oracles, n'a voulu que prou« ver jusqu'à quel point la Grèce était dé« peuplée, je ne pourrais refuser d'applau« dir à cette raison ; car à quoi servirait « aujourd'hui le fameux oracle de Tegyre « ou du mont Ptoüs, là où dans le cours de « toute une journée on rencontre à peine

« un homme qui mène paître un troupeau « de bétail ? »

Long-tems après Julien, l'Empire grec a encore conservé une assez grande puissance, et beaucoup d'empereurs y ont encore aimé et favorisé les sciences. Mais où sont les hommes qui ont mis cette protection à profit ; et quels titres, pendant des siècles entiers, la littérature grecque trouverait-elle à produire ? Par quoi et en quelle occasion s'est manifestée cette force qu'on avait droit d'attendre des descendans de tant d'hommes illustres ?

Et cependant sous les auspices des papes, l'Italie était redevenue puissante. Au milieu des guerres et des divisions qui l'agitaient, au milieu du morcellement de ses pays, des républiques créées, de nouvelles formes politiques établies témoignaient encore de l'élévation d'esprit et de l'énergie de ses habitans. C'était pendant que leur patrie impuissante était en proie à mille factions qui la déchiraient, que le Dante et Pétrarque cueillaient leurs palmes immortelles. Giotto, Ghirlandajo, Bufalmaco, etc., n'eurent besoin pour produire des chefs-d'œuvre de l'art, que de jeter la vue sur les misérables images que la Grèce suspendait dans ses temples. Mais les Grecs ne prenaient les armes que pour des controverses religieuses; et si la politique se mettait quelquefois de la partie, les empereurs ne se battaient que pour décider à qui resterait le droit d'opprimer les malheureux sujets. Mettre des bornes au caprice du despotisme, se soustraire à la plus sanglante et à la plus méprisable des tyrannies, c'est à quoi nul ne songeait. La Suisse secouait le joug de la fière et puissante Autriche, tandis que l'Empire d'Orient devenait la proie du premier aventurier qui tentait de l'asservir. « Dieu le voulut ainsi, » dit Jean de Muller dans son Tableau de la ligue des princes allemands. « Et de « même que les premiers hommes, du mo- « ment qu'ils eurent abandonné sa loi, « s'imposèrent mutuellement des fers; ainsi « lorsque les nations se furent corrompues, « il leur préposa des princes et des monar- « ques. La liberté de l'Asie s'éteignit gra- « duellement; celle des Grecs, des Ro- « mains, des Gaulois et de tous les autres « états disparut quand, par la chute de la « religion, par la licence et l'oubli des ver-

« tus patriotiques, les peuples cessèrent de « s'en montrer dignes. »

Après la prise de Constantinople, un nombre infini de Grecs alla s'établir dans l'occident : quelques-uns d'entr'eux y furent utiles comme grammairiens ; d'autres, en communiquant ou en aidant à répandre les trésors de leurs classiques ; mais il ne se trouva pas parmi eux un seul génie éminent et créateur, pas un seul artiste, dans la véritable acception du terme, quoiqu'ils fussent entièrement libres du joug de leurs oppresseurs, et peu tourmentés du soin de leur subsistance, plusieurs d'entr'eux ayant été libéralement gratifiés par les princes, plusieurs aussi ayant sauvé leur fortune.

« De tems en tems on voyait paraître « quelques hommes instruits au milieu de « la nation, qui leur payait un tribut d'ad- « miration excessif ; mais qui, insensible à « leur voix comme à leur exemple, les lais- « sait passer sans en recueillir aucun fruit. « Aussi que voyait-on dans la malheureuse « Grèce, cette terre natale des sciences et « des arts ? Tout ce qu'on voit chez presque « tous les peuples esclaves ; un clergé su- « perstitieux et ignorant, menant à son gré

« un peuple plus ignorant encore; des soi-« disant notables de la nation, dont la pré-« tendue noblesse, alimentée par les sueurs « du peuple qu'ils vexaient, était d'autant « plus ridicule, que, placés entre le gou-« vernement et le peuple, ils étaient forcés « de s'avilir davantage devant l'idole du « despotisme, et plus exposés que le reste « de la nation aux coups d'une vengeance « arbitraire de la part des gouvernans; des « pères de famille trop épuisés par les vexa-« tions ou trop aveuglés par la supersti-« tion, pour donner une bonne éducation à « leurs enfans; une jeunesse par consé-« quent dépourvue de toutes connaissan-« ces, et qui joignait à cette ignorance la « faiblesse d'un sybarite ou la vigueur d'un « sauvage. Si de loin en loin on y voyait « quelque jeune homme s'expatrier pour « venir chercher en Europe les lumières « qu'il ne trouvait pas dans sa patrie, ces « lumières se bornaient à l'étude de la mé-« decine; et l'Italie, où l'on venait l'étu-« dier, était ordinairement pour les Grecs « modernes, ce que furent pendant quel-« que tems pour les anciens les colonnes « d'Hercule. Mais comme ils s'y rendaient

« sans étude préparatoire, plutôt pour ap-
« prendre un métier que pour acquérir une
« science, dans une époque sur-tout où en
« Europe même la médecine n'était qu'un
« métier, ils rapportaient dans leur mal-
« heureuse patrie, pour fruit de leurs étu-
« des, tous les moyens d'opérer le mal,
« avec la présomption qui empêche de le
« prévenir ou de le réparer. Quelquefois
« on associait à l'étude de la médecine celle
« de la théologie ; et l'on a vu de ces théo-
« logiens épousant les uns la cause de l'é-
« glise grecque, les autres celle de l'église
« romaine, composer des ouvrages de con-
« troverse propres à alimenter la haine
« dont les deux communions s'honoraient
« réciproquement, contre l'esprit du chris-
« tianisme. »

Ce tableau de M. Coray est bien fait, et serait ressemblant s'il se rapportait à l'état actuel des choses. Mais en présentant cet état comme passé, l'auteur tombe dans la même faute que je lui ai déjà reprochée plus haut.

Par-tout domine encore un clergé ignorant et superstitieux, qui exerce sur la moralité du peuple une influence très-funeste, en ne cessant de l'exciter à la haine des autres religions, et sur-tout de la catholique romaine, et en accordant très-libéralement des absolutions à ceux qui ont trompé des membres de cette communion, ou qui se proposent de le faire. Dans les autres cas où ils jugent à propos de faire payer plus chèrement leur indulgence, ce sont presque toujours des constructions ou réparations d'églises et de chapelles qu'ils imposent pour expiation. Aussi ces dernières sont-elles si prodiguées sur quelques îles, que, par exemple, à Pathmos, on prétend que leur nombre surpasse celui des habitans. Qu'on lise Tournefort, Grelot et Spon, et Pococke qui les a copiés, et l'on trouvera des preuves suffisantes du triste état de l'église grecque. Or, certainement depuis que ces auteurs ont écrit, pas un ancien abus ne s'est corrigé; plus d'un nouveau s'est introduit.

Ils pensent, par des jeûnes sévères, avoir satisfait à leurs devoirs les plus importans, et ne manquent pas, en conséquence, d'en donner de très-bonne heure l'habitude à leurs enfans. Je fus témoin d'une scène à ce sujet dans la maison du métropolitain de Janina, Jérothéos, chez lequel j'ai logé pendant six jours. On avait confié à sa surveillance les enfans du chef de Souliotes, Foto Giavella, que l'on gardait en otages. Le plus jeune, Janataki, âgé seulement de deux ans et demi, courait dans toute la maison. Un jour il entra dans la salle à manger, pendant que l'archevêque était à table, où je me trouvais aussi avec plusieurs évêques, prélats et caloyers. C'était un de leurs tems de jeûne; mais l'archevêque avait la bonté de me faire toujours servir du gras. Dès qu'il aperçut le petit Giavella, il l'appela pour éprouver s'il était déjà ferme dans les principes de l'abstinence, et lui offrit un morceau de viande. Lenfant le porta à la bouche, et courut à l'autre bout de la chambre. Là-dessus grand tumulte dans l'assemblée, plusieurs prélats se lèvent, accablent l'enfant d'injures, et veulent lui arracher le morceau de la bouche; mais celui-ci le défendait de toutes ses forces, et ce ne fut qu'après beaucoup d'efforts qu'on le contraignit enfin à céder sa proie. L'archevêque fit ensuite venir la mère, et la réprimanda sévèrement sur la mauvaise éducation qu'elle donnait à ses enfans. Il fit aussi diverses tentatives pour me convertir à la religion grecque, ainsi que mon domestique, auquel il fit des promesses assez propres à le tenter.

A Gastouni, non loin d'Elis, j'entendis une conversation assez caractéristique entre un Anglais d'un côté, et de l'autre, un caloyer et notre hôte, qui était le médecin du lieu. Les deux derniers se plaignaient du joug qui pèse sur les Grecs. « C'est « parce que les Grecs en sont indignes, « dit l'Anglais, que Dieu leur a ôté le bien-« fait de la liberté. » Les Anglais, » reprirent ceux-ci, « ne peuvent manquer d'en « être encore beaucoup plus indignes aux « yeux de Dieu, puisqu'il y a dans leur pays « plus de trente sectes religieuses, dont il « est évident que vingt-neuf au moins sont « maudites de Dieu. »

Comme la simonie est presque organisée en Grèce, et que les métropolitains et les évêques ont souvent payé très-chèrement la dignité dont ils sont revêtus, il n'est pas de concussions qu'ils n'exercent sur les Grecs soumis à leur juridiction. La haine des Grecs et des Romains les uns pour les autres est si violente dans plusieurs îles, que tous les moyens leur sont bons pour se nuire réciproquement; et M. de Pauw est très-fondé à avancer que le premier usage que les Grecs ne manqueraient pas de faire de leur liberté, serait d'allumer une guerre de religion. Les Turcs savent profiter à merveille de cette désunion, pour extorquer de l'argent des deux partis. Ce sont là des choses si connues, que les faits suivans, loin d'établir une vérité nouvelle, ne doivent que servir d'appui à ce que les voyageurs les plus véridiques ont unanimement reconnu.

A Naxos, pendant que je m'y trouvais, l'exaltation de la haine était à son comble. Les Grecs avaient convaincu les Latins d'infidélité dans le maniement des deniers publics, et la sublime Porte en prenait occasion de les pressurer impitoyablement. Ceux-ci, de leur côté, accusèrent un Grec de marque d'avoir fait en Egypte des livraisons aux Français, et le firent pendre à Métélinos. Les Grecs ne tardèrent pas à trouver également de nouveaux griefs contre leurs ennemis, et le Gouvernement imposa aux catholiques romains une amende entièrement au-dessus de leurs moyens; ce qui fit que l'évêque se rendit à Constantinople pour tâcher, à l'aide du ministre très-chrétien de la nation française, qui est le patron de tous les catholiques du Levant, d'obtenir une diminution de la somme demandée.

L'évêque romain reprochait principalement aux femmes grecques de l'île, « leur « galanterie, le blanc dont elles se far- « daient, et leurs jupes qui ne descendaient « que jusqu'aux genoux; tandis que les « femmes de son troupeau ne pouvaient « mettre que du rouge, ne se peignaient « que les sourcils, et portaient des jupes « qui descendaient jusqu'à la cheville du « pied. » Les Grecs, en revanche, reprochaient aux Latins « de nourrir sans cesse « des projets de révolte contre le Gouver- « nement. »

Avant l'année 1695, les catholiques latins de Chio étaient tellement privilégiés par rapport à l'exercice de leur culte, qu'ils pouvaient même faire des processions publiques, de sorte qu'on nommait Chio la *petite Rome*. Mais ayant été accusés d'avoir favorisé Antonio Zeno, lorsqu'il fit la conquête de cette île en 1694, ils perdirent tous leurs priviléges, du moment que les Turcs s'en furent de nouveau rendus maîtres, et ils eurent beaucoup d'humiliations et de vexations à essuyer [1]. Les Grecs ne négligèrent rien pour les maintenir dans l'oppression et la misère. Il vivait encore, il n'y a pas plus de vingt ans, plusieurs Grecs, que du tems de la conquête de l'île par les Vénitiens, leurs pères, pour se rendre agréables aux vainqueurs, avaient fait passer à la religion romaine. Les autres s'en vengèrent en obtenant un firman barbare, en vertu duquel il était défendu de les enterrer; et l'on devait, après leur mort, les abandonner sur les rochers, en proie aux chiens et aux vautours. Il est aussi interdit aux Romains de faire des prosélytes parmi les Grecs, au lieu que ceux-ci peuvent en faire parmi les Romains.

Autrefois, à Tine, les mariages étaient assez communs entre les deux religions; aujourd'hui ils sont devenus très-rares. J'y fis avec le consul anglais Vitali, une visite au primat et logothéti grec. Le consul, plaisantant avec la fille du primat, âgée de cinq ans, lui demanda si elle ne voulait pas

[1] Tournefort, tom. 1.

épouser son fils. Cela ne se peut pas, dit la petite ; nous sommes de religion différente.

A Candie et à Chio, les mariages entre des Turcs et des femmes grecques sont fort en usage, et il s'entend que les enfans qui en proviennent sont élevés dans la religion musulmane. Les parens ne font aucune difficulté d'accorder leur fille au Turc qui la demande, pourvu qu'il soit riche ou puissant; tandis qu'ils refusent opiniâtrément de l'accorder à un catholique.

Peu de mois avant mon arrivée à Chio, il s'y était passé quelque chose d'assez singulier. Deux jeunes filles, enfans d'un Turc et d'une Grecque, habitaient près d'un champ que des caloyers du couvent de Néamoni cultivaient avec beaucoup de soin. La connaissance se fit, et ceux-ci, pleins de zèle pour leur religion, vinrent à bout de convertir ces jeunes filles à celle de leur mère ; (elles avaient déjà perdu leur père). On leur administra secrètement le baptême ; après quoi on les transporta sur un vaisseau grec qui faisait voile pour Constantinople, sous pavillon russe, et qui les y amena. Mais le commandant turc ayant eu bientôt vent de la chose, envoya un exprès au capitan-pacha, qui s'en plaignit à M. de Tamara, ministre de Russie, et obtint de lui que le vaisseau fût visité et qu'on lui livrât les prosélytes. Celles-ci n'échappèrent à la mort que parce que le capitan-pacha les jugea dignes d'occuper une place dans son harem. Mais le couvent de Néamoni fut condamné à une amende de sept cent mille piastres, qu'on préleva avec la dernière rigueur. Depuis ce tems, les moines ont une grande répugnance pour les entreprises de cette nature.

Il doit paraître étonnant qu'un seul couvent ait pu fournir une somme aussi considérable ; mais celui-ci est un des plus riches de l'Orient, ses richesses égalant, si même elles ne surpassent celles des monastères du mont Athos. L'on prétend qu'il possède près de la moitié des terres en rapport de l'île de Chio. L'on peut voir dans Tournefort, à l'article de Chio, comment ils sont parvenus à ce haut degré d'opulence. Le couvent de Néamoni nourrit plus de quatre cent cinquante moines, dont quatre ou cinq disent la messe ; pas un seul ne sait l'ancien grec, et une douzaine au plus savent lire et écrire le grec moderne.

Mais ils entendent très-bien la culture des champs et des arbres fruitiers. Si l'on voulait les forcer à l'étude, il faudrait s'y prendre comme l'empereur Manuel Comnène. Ce prince érigea un superbe monastère en l'honneur de saint Michel, et y établit des moines lettrés qu'il surveilla avec attention. Mais ayant remarqué qu'ils s'occupaient beaucoup plus de la culture de leurs terres que du service divin, il s'empara de ces terres, et leur fit assigner une subsistance sur le trésor [1].

Les moines de Néamoni sont loin de faire un noble usage de leurs richesses, qu'ils s'efforcent bien plutôt d'augmenter par une sordide économie. Les étrangers n'ont guères à se louer de l'accueil qu'ils en éprouvent, et doivent payer tout ce qui leur est fourni. Les moines eux-mêmes vivent très-mal. J'avais entendu parler de leur bibliothèque, dont le consul français, M. de Bourville, possédait un catalogue. Quoique je susse par-là combien elle était insignifiante, néanmoins je demandai à la voir. Il n'y avait point de bibliothécaire, et il y eût été effectivement très-superflu. Les li-

[1] Choniates, pag. 110.

vres étaient déposés dans l'office avec l'huile et le fromage, et ensevelis sous plusieurs doigts de poussière. Il s'y trouvait une Grammaire de Véneroni, et aussi un exemplaire italien de *Nina* ou *la Pazza per amore.* Pour éprouver si le caloyer qui nous accompagnait avait une idée de ces ouvrages, je lui demandai s'il voulait me les céder, et lui en offris un prix considérable. Mais celui-ci se figurant déjà posséder un trésor, et craignant que je ne le prisse pour dupe, témoigna de l'incertitude, et l'on sent que je n'insistai pas.

A Mégaspilion, en Achaïe, à quatorze lieues de Patras, je vis une bibliothèque un peu mieux fournie, dans laquelle on trouvait du moins les Pères de l'Eglise, et quelques bonnes éditions des classiques grecs. Ce couvent est le plus riche de la Morée, et celui de cette province qui contient le plus de moines : leur nombre s'y élève à plus de trois cents ; mais leur ignorance surpasse encore, s'il est possible, celle des moines de Néamoni. Je doute qu'il s'en trouvât quatre ou cinq sachant lire et écrire. Une partie d'entr'eux se disperse dans le pays pour y recueillir des aumônes.

Les environs sont beaux et intéressans. Le bâtiment est situé à une très-grande hauteur, dans une cavité de montagne qui jadis, au rapport de la légende, servait de retraite à un énorme dragon, que l'aspect de la Madonne fit tomber en poussière. Cette image de la Vierge, que l'on révère ici, est en mastic, et l'ouvrage de l'apôtre et évangéliste Saint Luc. C'est en l'honneur de cette image que les empereurs Jean Kantakuzène, Andronic et Constantin Paléologue firent bâtir un couvent dans ce désert romantique. Au bas, à une très-grande profondeur, roule en murmurant le Buraïcos des anciens, aujourd'hui la rivière de Calavrita. Les crètes des montagnes environnantes sont couvertes de neiges pendant huit mois de l'année.

Il n'y a point de superstitions que ces moines ne nourrissent, point de fourberies qu'ils ne se permettent, point de méchancetés dont ils ne se rendent coupables envers les gens éclairés. Je puis dire en général que toutes les fois qu'il m'est arrivé, dans mon voyage du Levant, d'avoir affaire à des caloyers, ce dont à mon grand regret je n'ai pu souvent me dispenser, je les ai trouvés, à bien peu d'exceptions près, intéressés, haineux, lourds, ignorans, et j'ajoute, d'une extrême mal-propreté. Ce sont de vraies sang-sues pour le peuple, et ils trouvent toujours moyen de s'approprier ce qu'il y a de meilleur. On a coutume de les comparer aux Franciscains et autres moines mendians de l'Eglise romaine; mais c'est faire à ceux-ci une injustice criante.

Là où les Turcs laissent une grande influence au clergé, comme le politique Ali à Janina[1], qui s'en sert pour manier plus facilement l'esprit superstitieux des Grecs, les sujets sont doublement asservis, doublement opprimés et avilis. Je ne saurais donc concevoir comment M. Coray peut avancer que le clergé commence à se relever. « Une bonne partie des ecclésias-« tiques grecs, » dit-il, « loin d'empêcher « l'instruction de la nation, s'empressent « de s'instruire eux-mêmes. L'Allemagne

[1] Les prêtres y décident la plupart des procès que les Grecs ont entr'eux, décision dans laquelle ils ne prennent d'ordinaire pour règle que leur propre jugement, mais consultent cependant aussi quelquefois le code de Justinien.

« en possède à cette heure un grand nombre qui s'occupent à traduire de bons ouvrages en grec. Dans un *Traité des Sections coniques*, traduit par un ecclésiastique, et publié depuis peu à Vienne « par un autre ecclésiastique, j'observe que « dans le nombre de cent treize souscripteurs qui ont contribué aux frais de l'impression, il y en a quarante-sept du clergé, « et dont neuf sont évêques. »

En général, les artisans et paysans grecs ne lisent point, et si même ils aimaient la lecture, encore est-il probable que ce ne serait pas pour un *Traité des Sections coniques* qu'ils s'aviseraient de souscrire. A l'exception des médecins, qui rarement sont indigènes, il n'y a point en Grèce de profession savante. La jeunesse n'étudie ni dans des colléges, ni dans des universités, et n'achète point de livres. Le public lisant se réduit donc aux marchands et aux ecclésiastiques; et au bout du compte, le nombre de quarante-sept, parmi tant de milliers, est-il donc si considérable? Qu'on pense donc que sur le mont Athos ou la Sainte-Montagne seulement, on compte entre trois et quatre mille moines. L'auteur étant lui-même ecclésiastique, il est assez naturel qu'il ait pu porter quelques-uns de ses confrères à venir à l'appui de son entreprise; car ce n'est et ne saurait être que cela.

Je suis fermement convaincu que parmi tous les Grecs vivans, il n'y en a pas cent qui se soient élevés jusqu'aux mathématiques transcendantes; et je demande à ceux qui exaltent avec tant de complaisance le génie des Grecs modernes, pourquoi donc, depuis des siècles, il ne s'est pas formé parmi eux un seul mathématicien distingué, puisque les mathématiques sont une science que les Turcs eux-mêmes apprécient et récompensent, dont l'étude d'ailleurs n'en demande aucune autre comme préparatoire, et contre laquelle le fanatisme même ne trouverait rien à alléguer.

On croirait, à entendre le langage que tiennent les Grecs et leurs apologistes, que le Gouvernement turc travaille directement et de dessein prémédité à étouffer les sciences et à en comprimer l'essor; mais je ne sache pas au contraire un seul Gouvernement qui laisse sur ce point une plus ample liberté; point de défenses de livres, point d'accusations pour opinions dangereuses, si ce n'est que les Grecs se font quelquefois un malin plaisir de s'entr'accuser d'hérésie et de se perdre l'un l'autre. Je doute que jamais Turc se soit avisé de s'informer de ce qu'on enseigne à Pathmos, à Chio ou à Janina, ou bien d'empêcher les riches habitans des monastères de consacrer aux Muses une partie de leur superflu. S'il avait plu aux princes de la Moldavie et de la Valachie de faire de grandes entreprises en faveur des sciences, personne n'eût pensé à y mettre obstacle; mais là même où, comme à Janina, il y a un fonds considérable tout formé pour les écoles, on n'en fait point d'usage, ou l'on en fait un mauvais, et il ne faut pas croire que ce soit du pacha, mais bien du clergé, que proviennent les entraves.

Si donc, par hasard, un écrivain vient à se distinguer, ou une école à s'établir, il ne faut pas avancer que c'est là un résultat de nouveaux efforts, et qui va opérer rapidement de grandes révolutions dans l'esprit de la nation. Démétrius Cantémir écrivait tout au commencement du dix-huitième siècle, et son ouvrage nous prouve qu'il y avait alors parmi ses compatriotes plus d'instruction et de lumières qu'il ne s'en trouve aujourd'hui. Il fait mention de la grande école du Fanal de Constantinople, et dit, « qu'on y transmettait l'en-« seignement de toutes les branches de la « philosophie, ainsi que des autres sciences, « par le canal de l'ancienne langue grec-« que, conservée sans corruption. De mon « tems, » continue-t-il, « elle comptait des « prélats et des professeurs qui joignaient à « un grand savoir une piété éminente, tels « que Jean Kariophille, théologien et phi-« losophe distingué, qui depuis se rendit « si célèbre dans la métropole par son talent « pour la prédication : Bolœsius Skœvo-« phylax, Antonius et Spandonius, tous pé-« ripathéticiens : Jacomius, philologue, un « des professeurs de Cantémir : Sebastus, « connu par ses controverses avec les La-« tins, et par son calendrier de l'Eglise : « Denis Hiéromonaque et Alexandre Ma-« vrocordatus, dont le dernier s'est rendu « célèbre en plus d'un genre dans le monde « littéraire, et a été professeur de philoso-« phie, de théologie et d'histoire naturelle, « ensuite dragoman de la Porte. Outre un « Traité de la Circulation du sang, qui a

« été traduit plusieurs fois en italien, il a « écrit une Histoire générale depuis l'ori- « gine du monde jusqu'à nos jours. Nous « avons vu aussi de notre tems trois pa- « triarches qui se sont rendus célèbres par « leur savoir : l'un à Constantinople, Cal- « linicus, qui fut du petit nombre de ceux « qui moururent dans cette dignité ; et deux « à Jérusalem, Dosithée et Chrysanthe. « Après ceux-ci, on vit encore se distin- « guer à Constantinople, Mélétius, d'abord « archevêque d'Arta, puis d'Athènes, « versé dans toutes les parties de la science, « distingué sur-tout dans la philosophie de « Helmont, et dont la géographie est encore « aujourd'hui indispensable pour la com- « paraison de l'ancienne Grèce avec la mo- « derne ; Elie Mimiati Hiéromonaque, évê- « que de Messène et de Morée, etc., etc. »

Il est hors de doute que la Grèce ne saurait produire aujourd'hui autant d'hommes distingués dans les sciences, que n'en comptait le respectable prince Cantémir, quoique je n'aie guères donné ici que la moitié de sa nomenclature, et que lui-même en outre, sans se piquer de recueillir tous les noms, n'ait fait que citer au hasard les premiers qui se sont présentés à son souvenir. Et quelle influence ces hommes ont-ils eue depuis quelques siècles sur la nation, soit par leurs leçons, soit par leurs écrits !

« Athènes, » dit Meiners dans sa comparaison du moyen âge, « avait encore du « tems de Synesius une suite non interrompue de prétendus philosophes, qui « interprétaient les écrits de Platon et d'A- « ristote, joignant à ces interprétations de « l'astrologie et de la magie. Ceux qui « avaient fréquenté l'Académie ou le Ly- « cée, se croyaient autant au-dessus des « autres que des demi-dieux comparés à « des ânes, prétention néanmoins que Sy- « nesius trouvait très-mal fondée. »

Mais aujourd'hui cette fausse gloire est elle-même anéantie. L'ignorance de l'archevêque d'Athènes est telle qu'elle ne peut être surpassée que par sa cupidité. A la tête de l'école de cette ville est un certain Marmarotturi, homme médiocre sous tous les rapports. Un second qui s'y trouvait, nommé *Béninzélos*, de cette famille dont Spon fait déjà mention à Athènes comme étant fort instruite, a été appelé à Idra, avec mille piastres d'appointemens, sans avoir plus de capacité que le premier. « Minerve, » dit Apollonius de Thiane, dans sa soixante-dixième lettre, adressée aux habitans de Saïs, « est « bannie de son domaine. Les vieillards ne « sont point sages à Athènes; ils ont des « flatteurs en-dedans de leurs murs, des « sycophantes en-dehors, des mercures le « long de la grande muraille, des parasites « au Pyrée et à Munichia; tandis que la « Déesse n'a pas même un asile à Sunium. »

Et à mesure que le nombre des habitans a diminué, le dernier grain de sagesse a disparu de l'Athènes de nos jours.

M. Coray fait sur-tout mention d'une école sur le mont Athos, (dans laquelle on enseignait la logique d'après la méthode publiée par Bulgari à Leipsick en 1766) dont les effets doivent avoir été extraordinaires. Mais l'entreprise ne tarda pas à échouer par la résistance qu'elle éprouva de la part des partisans de la philosophie d'Aristote, qui la proscrivirent comme une novation dangereuse. Il ajoute cependant dans un post-scriptum de son mémoire, qu'il lui parvient à l'instant même deux circulaires imprimées, l'une du patriarche de Constantinople, l'autre des quatre administrateurs du synode de la même ville, lesquels s'occupaient du rétablissement de cette école de logique. Fasse le ciel qu'elle réussisse et qu'elle ait toute l'utilité que l'on s'en promet! Mais en attendant nous pouvons juger de la manière dont on écrit et dont on pense sur la Sainte-Montagne, par l'écrit d'un certain Nathanaël Néokaissaréos [1]; écrit qu'on a répandu par-tout, pour en multiplier l'utilité, et que l'abbé de Mégaspillion me communiqua. L'auteur y exhale son fiel contre tous les novateurs, et se sert de l'artifice de les représenter comme des révolutionnaires et des assassins. Il veut aussi prouver aux Grecs modernes qu'ils n'ont nullement à se plaindre de leur situation, par la raison que le sacrifice des corps est bien léger, du moment que l'on peut sauver les ames.

Voici quelle est la marche de ses recherches sur la vraie philosophie; mais je dois dire auparavant que ce morceau est encore infiniment au-dessus de la plupart

[1] Triest. 1802.

des productions des Grecs modernes ; seulement il n'en est que plus choquant de voir que le peu de personnes douées de quelque talent en fassent un usage aussi mal-entendu.

1.° Quelle est cette philosophie à laquelle les modernes s'appliquent, et qu'ils élèvent si haut ?

2.° Qu'est-ce que le véritable christianisme, et quel en est le but ?

3.° Les chrétiens de nos jours sont véritablement à plaindre, et pourquoi ?

4.° Les sciences sont entièrement inutiles au but du christianisme.

5.° Quel danger courent pour le salut de leurs ames ceux qui voyagent en Europe.

6.° Combien il est nécessaire de réprimer l'ardeur de s'instruire, et quelles sont proprement les connaissances qui nous conviennent. Il finit par apostropher ceux qui pour des affaires de commerce envoient leurs fils en Europe, et c'est de ce dernier morceau que je vais extraire quelques passages.

(Pag. 60.) « Mais, bon homme, car je « ne veux te donner aucune dénomination

« odieuse, puisqu'enfin tu es chrétien! et « en cette qualité n'as-tu donc pas appris, « ou entendu dire que les enfans sont des « gages qui t'ont été confiés par le Domi- « nateur de toutes choses ; et c'est ainsi que « tu les traites, et c'est ainsi que tu les re- « jettes loin de toi ! Tu les précipites dans « l'incrédulité, au lieu de t'efforcer de les « corriger et de les élever à la manière « dont parle l'Esprit-Saint, et comme nous « lisons aussi dans le livre de l'Ecclésiaste : « *Que celui qui aime son fils, soit vigilant* « *à le punir !* Il t'est ordonné, te dis-je, de « mettre tous tes soins à faire de tes enfans « des chrétiens animés par la piété et par « la crainte de Dieu, et de ne pas épargner « le bâton pour sauver leur ame de la mort ; « et toi, par amour pour de vaines riches- « ses, tu fais précisément le contraire, et « tu pousses leurs ames raisonnables, *ce* « *trésor précieux de leur sang du diman-* « *che*, dans les voies de la perdition. Tu « es bien plus coupable que ce mauvais « valet de l'Evangile, qui ne fit qu'enfouir « l'argent de son maître, et au lieu de le « faire valoir, le lui rendit comme il l'avait « reçu. Mais toi, malheureux, que fais-tu ?

« Tu retires ton fils du trésor de l'Eglise, « et tu l'envoies, où ? Dans les ténèbres et « dans la corruption, là où l'on ne trouve « point de modestie, où il n'existe point de « crainte de Dieu, où il n'y a pas la moin- « dre trace de piété. Mais que parlé-je de modestie? non, c'est l'impureté, l'incon- « tinence, la débauche. Que parlé-je de « piété et de crainte de Dieu, là où l'a- « théisme lève effrontément la tête, où le « christianisme est traité de fable, où l'E- « vangile est un sujet de risée? Je te le « demande, chrétien, si tu arrivais au bord « d'un torrent impétueux, aurais-tu bien « la cruauté d'y pousser ton cheval, un « animal dépourvu de raison ? Et voilà ce « que tu fais avec ton fils, tes entrailles, ton « bien le plus précieux, que tu te plais de « gaîté de cœur à précipiter dans la perdi- « tion des ames! O monde de fausseté, de « tromperie et de vanité! Quelle est donc « la puissance de cette force qui aveugle « l'homme, qui trouble et domine à tel « point son esprit, qu'il ne calcule rien, « rien que l'or, et toujours l'or? Il ne s'in- « quiète pas de son ame, il ne s'inquiète « pas du paradis, il ne s'inquiète pas des

« peines éternelles, pourvu qu'il acquière « ..... de l'or, etc. etc. »

(Pag. 67.) « Mais il paraît bien que la « gourmandise et l'avarice n'ont qu'un « ventre et point d'oreilles. Puisse donc « le ciel vous éclairer par la suite, mes « frères, afin qu'avec sagesse et jugement « vous suiviez les exhortations des apôtres, « et que vous vous absteniez d'envoyer vos « fils là où triomphent hautement l'indif- « férence pour tout ce qui est divin, le « meurtre des ames, l'athéisme; là où ils « se meuvent parmi des impies et des « hommes frappés d'aveuglement et de « ténèbres, où ils ne voient que Bélial « et des gens qui renient leur Dieu. Pre- « nez garde de devenir comptables de « leur sang et de leur ame. Fuyez l'Eu- « rope autant qu'il vous est possible, et « ne fuyez pas moins ceux qui vous vien- « nent de l'Europe! Leur cœur est vain et « la vérité n'est pas chez eux, quand même « les paroles leur couleraient de la bouche « plus douces que le miel. »

« Comme si le sauveur, le libérateur, « le dominateur du monde leur eût apporté « mille fléaux, les eût accablés de maux

« sans fin, ils arment leurs langues contre « lui, ils lui opposent leurs ingrates bar- « rières, leurs pièges pervers, leurs opi- « nions sataniques, qu'ils répandent sans « crainte comme sans esprit, ces sectateurs « athées de l'athée Voltaire. Leurs bou- « ches impures vomissent d'horribles blas- « phèmes contre la grandeur de Dieu. Elle « fut grande sans doute la méchanceté des « Juifs qui montrèrent tant de haine contre « Jésus-Christ, et finirent par le crucifier; « mais ils avaient une apparence d'excuse, « parce qu'ils voyaient un homme qui bu- « vait et mangeait comme eux, et qui enfin « alluma leur colère, en prophétisant la « chute de Jérusalem, leur citadelle et « leur héritage. Mais quel prétexte ont-ils, « ces audacieux et ces insensés, qui vo- « missent contre le faîte de l'élévation di- « vine tous les blasphêmes que Voltaire « leur a suggérés? Quel prétexte ont-ils, « aujourd'hui que des quatre extrémités « du monde des millions de voix ont re- « connu le vrai Dieu, des millions de « martyrs ont versé leur sang pour an- « noncer sa parole? »

(Pag. 70). « C'est pourquoi, je vous le

« répète, ne prêtez pas l'oreille aux bou-
« ches de ces anti-Christs, à ces bouches
« empoisonnées et qui portent la mort.
« Faites attention à l'exemple que Jésus-
« Christ nous a donné lui-même, lorsque,
« roi des juifs, il se laissa livrer entre les
« mains de l'empereur, enchaîné comme
« un esclave. Mais ceux-là, au contraire,
« nous apprennent la révolte et à secouer
« le joug de nos dominateurs. Le Christ
« ordonne de rendre à l'empereur ce qui
« appartient à l'empereur; ceux-là se ser-
« vent de leur plume et de leur langue
« pour armer les mains des sujets, afin
« qu'ils égorgent leurs empereurs. Sont-ce
« là des chrétiens? non, ce sont évidem-
« ment des anti-Christs; car autrement ils
« n'auraient pas l'audace de se soulever
« contre le Seigneur, contre ses apôtres
« et ceux qui enseignent sa foi, et ils ne
« s'aviseraient pas de souffler la résistance
« et la révolte contre les souverains, et
« cela pour goûter en cette courte vie
« quelques jours de liberté. Mais, répon-
« dent ces doux et paisibles philosophes,
« la noble race des Grecs a beaucoup à
« souffrir dans le barbare esclavage sous

« lequel elle gémit ! et pouvez-vous mettre « ces souffrances en parallèle avec celles « que les premiers chrétiens eurent autre- « fois à subir ? Aujourd'hui les chrétiens « sont en jouissance de leur fortune, peu- « vent cultiver leurs terres et leurs vignes. « Qu'ils habitent d'humbles cabanes ou de « magnifiques palais, ils vivent tranquilles « dans leurs foyers ; ils ont toute liberté « de commercer dans les villes, et sur- « tout leurs églises et leurs anciens tem- « ples leur sont ouverts, et il leur est per- « mis de se fortifier dans la foi chrétienne. « Qu'on oppose à cet état celui des pre- « miers chrétiens, les souffrances et l'op- « pression de ces bienheureux, trois cents « ans après la naissance de Jésus-Christ, « lorsqu'ils gémissaient sous le joug de la « plus cruelle tyrannie. Leurs persécutions « n'avaient point de bornes ; car les rois et « les empereurs ne cessaient de donner des « ordres pour qu'on leur fît tout le mal « possible. On les chassait des villes et des « villages comme des criminels, et ils n'a- « vaient point de toîts sous lesquels ils pus- « sent reposer. Hommes, femmes, enfans « étaient exposés sans abri à toute la ri-

« gueur de l'hiver, à toutes les ardeurs de « l'été. Leurs biens, leurs meubles, leurs « vignes et leurs champs leur étaient enle- « vés et dévolus à l'empereur. On les égor- « geait comme des brebis; et cependant « voyait-on des prêtres ou des laïques, ani- « més d'un faux zèle, exciter ces chré- « tiens contre leurs maîtres. On le cher- « cherait en vain dans l'histoire; jamais un « seul ne tomba dans cette démence. Et « qu'on ne croie pas que ce fut par fai- « blesse, ou parce qu'ils manquaient d'hel- « lénisme (d'amour pour la Grèce); non, « ils souffrirent pour l'amour de Jésus- « Christ et de l'évangile; et l'on en eut la « preuve, lorsque plus tard différens prin- « ces hérétiques, ariens, etc. régnèrent pen- « dant plusieurs années, et renouvelèrent « contre les fidèles les anciennes persécu- « tions. Ceux-ci avaient la supériorité du « nombre; mais ils restèrent soumis, et « leurs prêtres ne cessèrent de les exhorter « à la patience; ils se référèrent à l'Ecri- « ture sainte et leur dirent: Que ce que « vous éprouvez n'abatte point votre cou- « rage! il importe peu au vrai chrétien s'il « éprouve dans ce monde des chagrins et

« de la misère. Et que n'eurent-ils pas effec-
« tivement à souffrir sous les athées de
« l'hellénie ! Mais ce n'est aussi que par là
« que brillent et se maintiennent la véri-
« table vertu et le véritable esprit du chris-
« tianisme ; c'est alors que s'ouvre le para-
« dis, terme de toute souffrance, et qu'il se
« remplit de saints ; et non avec le livre de
« la révolte dans la main gauche et le poi-
« gnard dans la main droite, non par des
« plaintes qui respirent la rébellion, non
« par un zèle anti-chrétien. Fuyez donc,
« mes frères, fuyez ces philosophes faux et
« pervers, afin que vous demeuriez à jamais
« de vrais chrétiens ; car c'est en Jésus-
« Christ qu'est l'éclat et la force, de même
« que dans le Père et le Saint-Esprit.
« Amen. »

Quoique la littérature des Grecs modernes ait été enrichie d'un grand nombre de traductions utiles, comme on peut le voir par les catalogues d'imprimerie de Vienne, de Livourne, de Trieste et de Venise, néanmoins dans la Grèce même le nombre des livres est encore très-petit. A l'exception des livres de théologie, de chant et de prières, je doute qu'à Athènes, chez tous les particuliers pris ensemble, on puisse trouver vingt ouvrages en grec moderne. Gliky de Janina, le meilleur imprimeur qu'il y ait à Venise, me dit que le nombre des ouvrages de théologie qu'il y avait expédiés était quadruple de tous les autres ensemble. La plus grande partie se débite dans les îles. Il n'y a point de libraire en Grèce. J'ai vu à Tine, dans quelques boutiques, un petit nombre de livres de chant et de prières, que des marins avaient apportés, et qui étaient exposés en vente. Il n'existe non plus dans le Levant aucune imprimerie de quelque valeur; car j'y comprendrais, aujourd'hui moins que jamais, celle de M. Sarandopulo, à Corfou. J'ignore pourquoi personne ne s'avise d'en établir une à Constantinople ou à Smyrne. Il n'est pas probable, à la vérité, que cette spéculation pût devenir très-avantageuse; mais du moins on serait sûr de n'en pas éprouver de dommage, et elle pourrait avoir une grande utilité. Un des secrétaires du métropolitain d'Arta, prélat raisonnable et tolérant, que le pacha de Janina emploie souvent dans des affaires et des missions politiques, avait dessein de monter une petite presse à Arta. Il y a aussi, si je ne me trompe, dans le fanal de Constantinople, une presse à la main pour des manifestes et des publications.

Rien de plus vrai que ce que dit M. Coray, des médecins que l'on trouve en Grèce, qu'ils n'apprennent leur art que comme un métier, et qu'ils l'exercent en charlatan.

M. Kayrac, marchand français, établi en Grèce depuis cinquante ans, dépouillé depuis par les Turcs pendant la dernière guerre contre la France, mais qui, pour son hospitalité et son extrême complaisance, ne peut manquer d'être connu de tous ceux qui ont visité jusqu'ici Athènes et le Pyrée, me racontait à ce sujet quelque chose d'assez plaisant. Plusieurs matelots attaqués d'une maladie contagieuse, se trouvaient dans un hôpital à Naples de Romanie. L'un d'eux venait d'expirer au moment où M. Kayrac y entra, conduisant un médecin grec. On avait laissé le mort dans son lit jusqu'au moment de l'enterrer; mais on lui avait recouvert le visage, et une main seulement paraissait hors de la couverture. Comme ce médecin déraisonnait de la manière la plus impertinente,

M. Kayrac crut pouvoir se permettre de s'amuser un peu à ses dépens. Il s'approcha en conséquence avec lui du lit du mort, et le pria de lui tâter le pouls, mais en prenant garde de troubler son repos. Ainsi fut fait, et le médecin prononça que le pouls n'indiquait point de fièvre, et que le malade ne tarderait pas à se rétablir.

Dans un passage que cite Pline l'ancien, Caton écrit à son fils en Grèce : « Je te « parlerai des Grecs en son lieu, mon « fils, etc. C'est une espèce d'hommes mé-« chante et indocile. Tu peux m'en croire « comme si c'était un prophète qui te par-« lât. Du moment que ce peuple nous « communiquera sa science, tout est perdu, « et sur-tout s'il nous envoie ses médecins. « Ils se sont conjurés pour faire périr tous « les barbares par la médecine, et ils ne « manquent pas en outre de se faire payer « pour mieux gagner la confiance et assas-« siner d'autant plus facilement. Ainsi je « t'interdis tout commerce avec les mé-« decins. »

En voyant les Grecs qui viennent étudier en Italie, retourner dans leur patrie presque aussi ignorans qu'ils en étaient sortis, il est assez naturel sans doute d'en attribuer la cause au défaut d'instruction primitive et de toute étude préparatoire; mais plusieurs naissent aussi dans les colonies grecques très-nombreuses, qui se sont établies à Livourne, à Trieste, à Venise et à Vienne, et ceux-là ne se distinguent pas davantage; ni l'éducation qu'ils reçoivent de leurs parens, ni leur impulsion naturelle ne les dirigent jamais vers quelque chose de grand et de bon. On croirait du moins qu'en Italie, faisant abstraction de la science, l'art et ses créations devraient quelquefois les enflammer; mais les ouvrages de l'art, aussi bien que ceux même de la mécanique, sont l'objet de leur dédain; et je n'ai jamais entendu dire qu'il se trouvât, par exemple, un horloger distingué parmi eux, à quoi cependant ils pourraient être excités par l'espoir de s'enrichir dans leur pays.

Ils ne demeurent pas moins en arrière dans la musique et dans la peinture, et l'on pourrait leur appliquer les paroles du Psalmiste : « Ils ont des yeux et ils ne « voient pas ; des oreilles, et ils n'enten- « dent pas. »

Le commerce et les plaisirs des sens occupent uniquement les Grecs modernes, et c'est par là que leurs idées se rétrécissent, et que leurs facultés s'émoussent. Rien ne rétrécit autant l'esprit que l'exercice exclusif du commerce ; et quand les membres d'une nation n'ont pas d'autre profession à exercer, il faut nécessairement qu'elle se dégrade. De là vient que les Juifs ne parviennent jamais dans les sciences et dans les arts à un degré proportionné aux facultés intellectuelles qu'on ne peut s'empêcher de reconnaître en eux.

Au reste, si jamais, par exemple, les cours de Valachie et de Moldavie deviennent indépendantes, il se pourrait que, sous un gouvernement favorable, et après un long intervalle, il s'y élevât des hommes distingués. Mais je répéterai néanmoins que, même en supposant la situation politique la plus avantageuse, je n'attends rien qui réponde aux brillantes espérances que nous donnent les panégyristes de la Grèce moderne.

Le caractère de ces Grecs de famille distinguée qui habitent le Fanal, est déjà connu, et ce sont eux vraisemblablement que M. Coray a en vue, lorsqu'il se sert de l'expression de notables. Eton les peint très-fidèlement lorsqu'il dit[1] : « On y trouve « (à Constantinople) dans un quartier « qu'on nomme le *Fanal*, une race de « Grecs qui se qualifient de nobles, et qui « affectent le plus grand dédain pour ceux « de leur nation qui habitent les îles. Ce « sont certaines familles aisées, parmi les- « quelles on prend d'ordinaire les drago- « mans de la Porte, et les woïwodes de la « Walachie et de la Moldavie. Elles ont « attiré ces places à elles en se tenant pour « la plupart très-unies, et en entretenant « des relations perpétuelles avec les grands « officiers de la Porte. Ces Grecs sont sans « cesse occupés à supplanter ceux d'entre « eux qui occupent des places, afin de les « obtenir pour eux-mêmes. Le fils ourdit « des cabales contre le père, le frère con- « tre le frère. Ils ont pour la plupart de « l'éducation et des manières ; mais ils sont « orgueilleux et vains à un degré ridicule, « sur-tout pour celui qui considère avec « quel mépris ils sont traités par les Turcs.

[1] *A Survey of the Turkish empire.* London, 1798. pag. 343.

« Quant à la noblesse de leur origine, elle « est très-incertaine. Plusieurs d'entre eux « portent à la vérité des noms qui étaient « très-illustres, lorsque les Turcs firent la « conquête de Constantinople; mais ils se- « raient très-embarrassés, s'ils devaient « prouver leur descendance. Ils ont en « général tous les vices des Turcs du sé- « rail : la perfidie, l'ingratitude, la cruauté « et un esprit d'intrigue qui jamais ne re- « pose. Tant qu'ils sont dragomans de la « Porte, ils ont besoin d'user de beaucoup « de prudence et de ménagemens; mais « du moment qu'ils deviennent woïwodes « (hospodars), leur tyrannie ne le cède « en rien à celle des Turcs, etc. »

Dans un autre passage il dit :

« Ils ne paraissent pas, comme les insu- « laires, soupirer après la liberté; mais « plutôt ils se plaisent dans leur fausse ma- « gnificence et dans les pitoyables intrigues « du sérail; ils vont même jusqu'à s'enor- « gueillir de paraître en habit turc. »

Une dame, à Péra, me racontait qu'elle avait fait une visite de condoléance au Fanal, à la mère de l'hospodar Gika, auquel on avait tranché la tête. Dans la crainte d'irriter sa douleur par le souvenir de l'événement tragique qui la privait de son fils, elle s'était proposé d'avance d'éviter soigneusement tout ce qui pourrait rappeler ces odieuses circonstances. Mais voyant cette princesse si calme et si sereine, elle lui fit son compliment, en témoignant des regrets sur la déplorable destinée de l'hospodar. « Eh quoi, Madame, » reprit la mère, « croyez-vous qu'il eût pu « m'être agréable de voir mourir mon fils « comme un homme du peuple ? »

Mais M. Eton se trompe, lorsqu'il attribue exclusivement ce caractère à la noblesse du Fanal ; il est plus ou moins commun à toute la classe qui porte le kalpak, tant dans l'Archipel que sur le continent de la Grèce. On ne saurait quelquefois contenir sa surprise, en voyant jusqu'où va la vanité de ces nobles Grecs, et quelles sont les flatteries qu'on leur débite et qu'ils ne manquent pas d'accueillir. Lorsque j'étais à Athènes, un jeune homme, dernier rejeton de la famille des Capitanaki, vint à mourir au moment où il allait se marier. Les parens étaient inconsolables. Le jour même de sa mort il y eut une éclipse de soleil, et il se trouva des gens qui ne rougirent pas de dire à la famille que le ciel même voulait manifester sa douleur.

Rien de plus ridicule que l'air de grandeur et d'autorité que se donnent les Mavrogénis à Miconi. Si les pêcheurs viennent à capturer quelque chose de rare, les jardiniers à cueillir un fruit distingué, ou les bouchers à étaler un bon morceau, le primat ne manque guères de se l'approprier pour le prix qu'il lui plaît d'assigner, et quelquefois même sans paiement. Sa mère et sa sœur aînée, (maintenant mariée à un marchand de Smyrne, nommé *Prasacachi*) le soir lorsqu'elles se couchent, se font frotter les jambes par leurs servantes, jusqu'à ce qu'elles se soient mollement endormies. Tous ceux d'entre les Grecs auxquels les Turcs donnent quelque autorité sur leurs compatriotes, comme le primat de Morée, etc., ou qui sont chargés de l'administration de la justice, sucent jusqu'au sang les malheureux qui leur sont subordonnés, et l'on peut dire d'eux ce que l'Indien Iarchas disait des préposés Romains à Apollonius de Thiane[1] : « J'en-

[1] Vie de Philostrate.

« tends dire qu'il vous arrive des gouver-
« neurs romains , qui commencent par
« faire reluire à vos yeux le tranchant de
« leur hache, avant de savoir encore si les
« gens qu'ils ont à gouverner ont besoin
« de tant de sévérité. Vous, au contraire,
« vous vantez l'équité de ces mêmes hom-
« mes, pourvu qu'ils s'abstiennent seule-
« ment de mettre la justice à prix. C'est
« aussi, dit-on, ce que font les marchands
« d'esclaves, quand ils vous en amènent
« de la Carie, et qu'ils veulent vous vanter
« leur bonne conduite ; ils ne trouvent rien
« de mieux pour les louer, que de dire qu'ils
« ne volent pas. »

C'est à Naxos sur-tout que la manie de la noblesse est portée à son comble, tant parmi les Grecs que parmi les Latins. On ne rencontre que fils de princes et d'empereurs, couverts de haillons. Il n'y a pas de mendiant qui ne soit un Paléologue ou un Comnène. Tournefort s'en plaignait déjà, et depuis un siècle ils ne sont pas devenus plus raisonnables. Outre l'ancienneté de l'origine, il s'est encore formé une nouvelle inégalité, provenant de la protection que plusieurs ministres des puissances européennes accordent à beaucoup de Grecs, protection qui leur vaut l'avantage de devenir Francs et qu'ils savent très-bien mettre à profit. Le Barattaire ou Firmanli est-il en outre revêtu du consulat ou vice-consulat de quelque petit port ou de quelque île insignifiante, c'est alors que sa vanité n'a plus de bornes. Un pavillon flotte devant sa maison et la rend inviolable. M. Paul, à Patras, est à-la-fois consul ou vice-consul de huit nations différentes; et comme il est vêtu à l'européenne, il paraît aujourd'hui dans un uniforme et demain dans un autre. Seulement il porte de préférence le costume espagnol, à cause de l'habit écarlate galonné. L'Italie lui donne le petit plaisir d'arborer un pavillon nouveau; l'empereur des Romains fait bouillir sa marmite; Raguse lui fournit le dessert, la Hollande le titre de « consul général, » et la Suède, le Danemarck et la Prusse, servent à compléter l'assortiment. En cas d'une rupture entre la Porte et l'une ou l'autre de ces puissances, il dépose tantôt ce firman-ci, tantôt celui-là, comme cela eut lieu dans la dernière guerre à l'égard du firman de Hollande, qu'il a repris d'ailleurs à la paix. Au reste, M. Paul est un fort honnête homme, qui ne déshonorera jamais sa dignité de consul.

Il m'arriva l'aventure suivante avec un vice-consul à Cos. J'avais une lettre pour le consul français, M. Gérard; mais lorsque j'allai, avec M. Gropius, pour la lui remettre, nous ne le trouvâmes pas chez lui. Un Grec assez mal vêtu qui était dans la cour, s'avança tout de suite vers nous, nous dit qu'il avait déjà appris, dans le port, que nous étions Prussiens, et s'offrit pour nous servir de guide. Nous déclinâmes son offre, mais ce fut en vain; il s'attacha tellement à nous suivre, qu'il ne nous fut pas possible de nous en débarrasser. Il parcourut donc quelques rues avec nous, ayant toujours l'air d'avoir quelque chose sur le cœur; puis s'arrêtant tout-à-coup devant une maison de mauvaise apparence, il nous dit que c'était-là qu'il logeait. Je lui demandai s'il avait quelque chose de curieux à nous montrer, et voulus pousser plus loin; mais il nous supplia d'entrer un instant chez lui, nous faisant enfin d'un air embarrassé l'ouverture qu'il était vice-consul prussien à Cos. Nous nous regardâmes, M. Gropius et moi, étrangement surpris de voir cette nouvelle espèce de consul, et assez peu disposés à y croire, et nous montâmes avec lui dans sa petite chambre. Ici je m'enhardis et lui dis que n'ayant jamais vu de patente de vice-consul prussien, je lui serais très-obligé si, pour satisfaire ma curiosité, il voulait bien me montrer la sienne. Il la produisit sur-le-champ. Elle était expédiée par le consul-général Gillies à Pathmos, et signée de lui. Lorsqu'après un court entretien nous voulûmes nous éloigner, il nous demanda si nous ne voulions pas auparavant acheter de ses confitures de cerise; à quoi nous consentîmes volontiers, et en prîmes une couple de pots pour quelques piastres. Le lendemain, dînant chez M. Gérard, j'aperçus le vice-consul de Prusse qui se tenait derrière sa chaise et la mienne, changeant les assiettes et faisant tout le service d'un domestique. Ma surprise fut telle que je refusai d'abord d'en croire mes yeux, mais enfin je priai M. Gérard de vouloir m'éclaircir ce phénomène. Il me comprit et me dit en riant qu'il se servait quelquefois de cet homme comme interprête quand il visitait le pacha;

qu'au reste rien n'était plus réel que son vice-consulat, auquel il avait été promu par M. Gillies, qui se plaisait à conférer des titres; mais que comme celui-ci ne le nourrissait point, il prenait les petits profits qu'il trouvait dans sa maison; qu'il joignait à cela quelques branches d'industrie, comme, par exemple, d'administrer au mois de mai les saignées qui sont de mode en cette saison. Le soir, lorsque nous retournâmes à bord, notre vice-consul portait la lanterne devant nous, et parut très-satisfait de quelques piastres que nous lui donnâmes.

J'ai connu aussi depuis M. Gillies à Pathmos. On dit que son père était un homme d'esprit, pour lui il n'est rien moins que cela. Une des premières paroles qu'il m'adressa fut pour me proposer de lui acheter des médailles. Il me montra ensuite ses firmans comme consul-général de l'empereur des Romains et du roi Prusse, et rien ne le réjouissait tant que les caractères bleus et or. Il nous demanda ensuite le nom de notre roi, qui lui était échappé de la mémoire, et entra avec nous dans une dissertation savante sur la question de savoir si Frédéric et François était un seul et même nom. On lui a donné dans l'île le surnom *d'Alza-Bandiera*, parce qu'à chaque instant il arbore son pavillon pour prendre sous sa protection des gens qui ont eu de mauvaises affaires.

Rien n'est plus consolant dans le Levant, que de rencontrer des consuls complaisans et actifs ; de même que rien n'est plus désagréable que d'en rencontrer de sots, de hautains et d'intéressés. Les consuls français et russes sont presque toujours bien choisis. La première de ces puissances sur-tout ne nomme que des Français à ces places, pour peu qu'elles aient la moindre importance. La Russie nomme bien quelquefois des étrangers, mais rarement des Grecs, et toujours certainement des hommes qui veillent à ses intérêts, et se distinguent réellement par leurs caractères et leurs services. Je ne puis m'empêcher ici de faire une mention reconnaissante de MM. de Benaky et Mintschaky, chevaliers de l'ordre de Sainte-Anne, et consuls généraux à Corfou et à Patras, qui m'ont fait éprouver dans leurs maisons tout ce que l'hospitalité a de plus de rare et de plus aimable.

Les Anglais mettent moins de précaution dans le choix de leurs consuls, et par conséquent ne sont pas toujours bien servis. La Prusse n'ayant presque point de commerce et très-peu de voyageurs dans le Levant, y attache également assez peu d'importance ; néanmoins quelques-uns de ces derniers sont polis et hospitaliers, et sur-tout parmi ceux-là on distingue quelques Français qui, depuis la révolution, se sont mis sous la protection du roi de Prusse, tels que MM. Escalon et Charles Bonfort, à Smyrne et à Tine.

J'ai déjà parlé ailleurs du désagrément de loger chez les primats, et de l'insupportable monotonie de la conversation des Grecs. Joignons-y leur orgueil démesuré, la sotte vanité avec laquelle ils se targuent d'ancêtres, dont ils ne connaissent même ni le nom ni l'histoire; l'affectation ridicule qu'ils mettent quelquefois à imiter les mœurs et les usages des Européens, etc. Je connais un homme à Corinthe qui, ayant entendu dire que les Francs avaient des sofas plus hauts que ceux qui sont en usage dans le Levant, s'en fit faire un d'une telle hauteur qu'il était impossible de s'y guinder sans le secours d'un tabouret, ou du moins sans prendre son élan. Chaque jour on rencontre des caricatures de ce genre. Les Grecs, ceux même de quelque distinction, ne sont pas à beaucoup près aussi propres que les Turcs, peut-être afin de ressembler le moins possible à des hommes qu'ils détestent; car c'est du moins, à ce qu'il me paraît, pour cette raison qu'ils maltraitent impitoyablement les chiens, qui sont pour les Turcs un objet d'attachement particulier.

Parmi les primats de villes, il n'y en a qu'un très-petit nombre qui possèdent quelque culture, ou qui sachent même y attacher le moindre prix. Je compte parmi ceux-ci Janataki à Livadie, et Christophe, frère du métropolitain Ignace à Arta, dont on peut du moins tirer quelque chose en les questionnant. J'ai constamment trouvé parmi ceux qui habitent des chaumières, plus de bonhomie et de bon sens que chez les possesseurs des maisons de plus d'apparence; et j'ai toujours, de préférence, séjourné chez les premiers.

Un des traits les plus généraux et les plus ineffaçables du caractère des Grecs, c'est la superstition. Ils ne rêvent que magie et ensorcellemens. Les Francs qui voyagent en Grèce sont journellement poursuivis par des gens qui leur demandent leurs conseils pour découvrir des trésors, ou qui leur offrent leur secours pour les aider à en découvrir, pensant que ce ne peut être qu'à cet effet que ceux-ci viennent de si loin. De toutes les puérilités des anciens à cet égard, il n'y en a pas une seule dont leurs descendans se soient corrigés. Ils marchent sur l'ombre de ceux à qui ils veulent nuire; ils clouent leurs souliers, qu'ils enfouissent ensuite sous un tas de pierres, après avoir prononcé les paroles de l'anathème. Il y a un rocher à Athènes d'où les femmes se laissent glisser afin de devenir enceintes. Pour guérir les enfans mal-sains ou contrefaits, on les traîne, au clair de la lune, à travers une espèce de caverne, dans le voisinage de la soi-disant prison de l'Aréopage. La même chose a lieu dans certains passages fort étroits taillés dans le roc au-dessous du Pnyx; on oblige les enfans maigres et chétifs à se traîner au travers de ce passage; on les tient ensuite tournés vers la lune, puis on s'en va, en ayant soin de laisser une pièce de leur habillement.

Par-tout on rencontre suspendus à des arbres des haillons auxquels ils attachent une vertu magique. En Arcadie, à certains jours fixes, on égorge des agneaux et des chevreaux, pour tirer des indices de leurs os et de leurs entrailles, sur-tout de l'os de l'épaule. Me promenant un jour à Athènes avec M. Fauvel, nous entrâmes dans la maison d'un Grec de sa connaissance. Le mari ne s'y trouvant pas d'abord, M. Fauvel demanda à la femme si elle n'avait point d'anciennes médailles ou des pierres à lui céder. A quoi elle répondit que non, que son mari en avait bien une, mais qu'il ne s'en déferait pas. Le mari étant survenu, nous le priâmes de nous la montrer. C'était une petite cornaline sur laquelle était gravé un serpent. Il en faisait grand mystère, et ne nous parla qu'à mi-voix de sa vertu miraculeuse : s'il mettait ce talisman dans un tamis et qu'il y versât de l'eau, jamais elle ne passait au travers, de quoi cependant il refusa de nous faire l'expérience. Sa femme avait suspendu plusieurs œufs dans la chambre; elle les supposait doubles, et était très-convaincue que depuis qu'elle avait le bonheur de les posséder, ses poules pondaient plus fréquemment, et que généralement tout prospérait et se multipliait chez elle.

J'ai parlé précédemment d'un jeune homme de la famille de Capitanaki, qu'une mort prématurée avait enlevé à ses parens. Voici à quoi l'on attribuait sa maladie : un soir il était assis avec un de ses amis sur un banc en plein air, et jouait du violon. Une larve attirée par la musique vint s'asseoir à côté de lui; et comme il continuait à jouer sans l'apercevoir, il la blessa de l'archet de son violon [1]. Dès cet instant, l'implacable larve résolut la mort du jeune homme, et son corps commença à dépérir. Il y avait long-tems qu'elle l'avait sucé et qu'il ne restait plus de lui que son ombre, lorsqu'enfin celle-ci mourut aussi.

Ils ont une grande frayeur du *mauvais œil*, tellement qu'ils ne se croient pas en sûreté contre eux-mêmes lorsqu'ils se regardent au miroir. L'on sait que les anciens

[1] Ceci rappelle le conte des *Mille et une nuits*, où un marchand, lançant un noyau de datte, atteignit un démon à l'œil, et le tua.

avaient la même superstition, et croyaient aussi ne pouvoir se le permettre sans danger.

Plutarque, dans ses écrits sur la morale, cite l'épigramme suivante : « Jadis Entélidas avait une superbe chevelure; mais « l'infortuné se regardant un jour dans « l'onde impétueuse d'un torrent, eut le « malheur de vanter sa beauté, et bientôt « il fut attaqué d'une maladie qui le rendit « hideux. »

L'opinion est sur-tout très-commune que, par un nœud magique que l'on jette à son ennemi, on peut le rendre impuissant. Je ne sais d'ou vient que les Grecs sont très-sujets à cette disgrace, ou du moins ce n'est pas ici le lieu d'en examiner la cause; mais à leurs noces, ils ne manquent jamais de prendre cela en considération, et au moment de la bénédiction nuptiale, lorsque le couple s'agenouille, l'époux pose le genou sur la robe de l'épouse, persuadé que par-là il pare à cet inconvénient. Je tiens du métropolitain de Janina, que souvent en cas pareil on a eu recours à sa bénédiction, qui presque toujours a réussi, sans doute par la force de l'imagination.

Le même archevêque m'a raconté une petite histoire de ce genre, arrivée à Ali-Visir lui-même.

L'épouse d'Ali-Visir, la mère de Mouctar et de Véli-Pacha, piquée de se voir négligée par son mari, fabriqua un nœud qui, pendant plusieurs années, le rendit incapable de goûter les plaisirs de l'amour. Tous les remèdes furent inutiles, personne n'ayant reconnu le véritable principe du mal. Enfin cette femme mourut; et comme on s'occupait à mettre quelque ordre dans les effets de la succession, on trouva dans une armoire un peloton qui ne parut être d'aucune valeur, et qu'en conséquence on jeta par la fenêtre dans le lac Achérusia. Néanmoins, lorsqu'Ali-Visir voulut prendre connaissance de l'inventaire, on fit mention de cet objet. Un des derviches, dont il a toujours plusieurs auprès de sa personne, pour avoir le plaisir de s'entretenir avec eux, soupçonna qu'il y avait là-dessous quelque chose de mystérieux, et fit part de son sentiment au visir. L'ordre fut donné sur-le-champ à tous les pêcheurs de Janina de faire des recherches dans la partie du lac qui est située au-dessous des fenêtres, et, après bien des efforts, on finit par trouver effectivement le peloton. Le derviche le défit, et le visir éprouva sur-le-champ les heureux effets de cette opération. Alors le derviche lui conseilla de se rendre à son harem, et de s'adresser à la première femme que le hasard lui présenterait. Le sort conduisit sur ses pas une esclave vers laquelle il n'avait jamais pensé à lever les yeux, et au bout de neuf mois elle lui donna un fils qui lui ressemble trait pour trait. Ce qu'il y a de remarquable dans cet événement, c'est que ce petit prince, à raison de ce qu'il est de plus haute qualité que ses frères, parce qu'à l'époque où il est venu au monde, son père était revêtu d'une dignité plus élevée, pourrait très-bien leur être préféré pour la succession au Gouvernement, si Ali-Visir vit assez long-tems pour garantir son enfance des piéges qui ne manqueront pas de la menacer.

Tout ce que dit M. Coray sur les progrès de la navigation et du commerce en Grèce, est très-exact. Par les circonstances de la dernière guerre, les Grecs ont acquis beaucoup de richesses. La fréquentation des ports de France, d'Italie et d'Espagne, les mettant en beaucoup plus grand contact avec les Francs, ne peut manquer tôt ou tard de produire des résultats avantageux. Aux facteurs francs dont se servaient jusqu'ici les grandes maisons de commerce, on tâche de substituer peu-à-peu des indigènes, « forcés désormais de « s'instruire par l'appât de salaires considérables. » Les établissemens des Grecs dans les places de commerce de l'occident, se sont beaucoup multipliés, et la Sublime Porte, par suite de sa situation critique, et de la protection que les consuls russes accordent à un grand nombre de Grecs, est devenue beaucoup plus traitable à leur égard. Idra, Ypsara, Poro et Chio, couvrent de leurs riches vaisseaux marchands la mer Ægée et la mer Adriatique, et l'on n'exagère certainement pas en faisant monter à trois ou quatre cents le nombre de ceux qui naviguent dans l'Archipel sous pavillon russe. Cependant l'empereur de Russie est devenu moins prodigue qu'il ne l'était il y a quelques années, de la permission de naviguer sous son pavillon.

Idra, située à trois lieues au sud-est du

Péloponèse, a tiré sur-tout un grand parti de l'émigration qui se fit des habitans de la Morée après la dernière paix entre la Russie et la Turquie. Cette île à fond de roc, et dont le sol est si ingrat, le dispute maintenant à celles de ses sœurs que la nature a le plus favorisées. Les Idriotes ont aussi institué une école où l'on enseigne à lire et à écrire, où l'on montre même l'ancien grec et l'italien, et ils ont construit une bourse dans le voisinage du port. Lorsque pendant les orages de la révolution française, l'Angleterre conçut le projet chimérique de bloquer et d'affamer la France, ils portaient des blés dans les ports de cette dernière; et tous les comptes ne pouvant être soldés en espèces, ils en rapportaient souvent des meubles précieux, tels que des glaces, des lustres, etc., ce qui leur a donné des idées de luxe inconnu dans le reste de la Grèce.

« Les Idriotes n'ont [1] aucune instruction « proportionnée aux périls d'une longue « navigation; ils y suppléent en attendant « par des pilotes européens, pour les

[1] Coray, pag. 29.

« échelles seulement qu'ils abordent pour « la première fois, et pour tout le reste, « par le courage et par la hardiesse, fruits « des réglemens de marine qui leur sont « propres, et d'une éducation singulière, « vraisemblablement pareille à celle des « anciens navigateurs grecs. Cette har- « diesse mériterait le nom de témérité, si « des succès constans ne l'eussent presque « toujours couronnée. »

Leurs vaisseaux sont toujours armés en course, et portent de huit à trente canons. L'équipage varie entre trente-cinq et soixante-dix hommes, d'ordinaire au-dessous de quarante ans, sans y comprendre cinq à six enfans, dont le plus âgé n'a pas plus de dix ans, et qui quelquefois en ont moins de six.

Quoique M. Coray vante la probité des Idriotes, l'opinion générale ne leur en attribue qu'à l'égard des objets qui leur ont été confiés; et les bâtimens qui leur sont inférieurs en force, craignent beaucoup de les rencontrer en pleine mer. On leur impute aussi de s'être plusieurs fois, en vrais pirates, emparé de la cargaison des vaisseaux échoués, et d'avoir même, dans la crainte d'être découverts, fait couler le bâtiment avec son équipage.

« Après avoir prélevé les intérêts du « capital employé pour la cargaison du « vaisseau, la moitié des profits, qui, de-« puis quelques années, ont été considé-« rables, appartient au propriétaire du « navire. »

Mais il est rare que les vaisseaux idriotes appartiennent à un seul armateur; ils aiment mieux, par prudence, prendre plusieurs associés.

« Le reste est partagé par portions éga-« les entre l'équipage, sans excepter les « enfans. »

Voici comme on s'y prend pour instruire ceux-ci dans la navigation : « Toutes les « fois qu'on est à la vue d'une côte, d'un « cap ou d'une île, on fait venir ces enfans « sur le tillac, et on leur en apprend les « noms et les gisemens par rapport aux « points de l'horizon. » On les éprouve ensuite à la première occasion, et le défaut de mémoire ne manque pas d'être puni par des coups de fouet.

« Les Idriotes sont accoutumés à une vie « extrêmement frugale; aussi les provisions

« qu'ils font toutes les fois qu'ils quittent « le port, se réduisent-elles à très-peu de « chose, si l'on en excepte le vin, dont « ils ont toujours soin de faire une ample « provision. Mais ils rendent bientôt « ce soin même inutile ; car il arrive le « plus souvent qu'au sortir du port, « ils consomment en trois jours la provision « d'un mois. Si quelque chose pouvait « corriger un pareil abus, c'est que cet « excès de vin ne les enivre pas assez pour « les rendre moins attentifs à tout ce qui « intéresse le succès du voyage, que d'ailleurs « ils se passent de vin pour le reste de « leur navigation avec la même gaîté qu'ils « avaient lorsqu'ils en abusaient. »

Et il est vrai qu'on a peine à concevoir jusqu'où va la frugalité des matelots grecs, et comment poussée à ce point, elle peut leur laisser assez de force et de courage pour vaquer à leur métier.

Si, avec une navigation aussi défectueuse, les Idriotes ont reçu universellement en Grèce la dénomination d'*oiseaux de mer*, on peut se faire une idée du point où en sont les autres. Que de fois n'errent-ils pas en aveugles au milieu des écueils de l'Archipel, ne devant qu'à la Providence de n'y pas périr plus souvent !

Je vis dans le port de Cos une sorte d'Anachorète de mer, qui y faisait une petite provision, et dont l'audace me frappa. Avec une nacelle à peine assez grande pour la contenir, lui et son chétif approvisionnement, et construite de façon que, même en chavirant, elle ne pouvait ni couler à fond ni se remplir d'eau, il naviguait seul, errant sans crainte parmi les îles de l'Archipel. Souvent, par des vents contraires, il était plusieurs jours et plusieurs nuits de suite sans pouvoir un seul instant fermer l'œil.

C'est ainsi qu'il y a quelques années, pendant le séjour du capitan-pacha en Egypte, deux Grecs prirent la résolution de se rendre à Smyrne dans une de ces petites chaloupes ouvertes dont on se sert dans le port, et d'en rapporter des oranges à Alexandrie ; ce qu'ils exécutèrent avec autant de bonheur que d'audace. Ils s'attendaient bien à recevoir du capitan-pacha une récompense proportionnée aux périls qu'ils avaient bravés; mais, loin de là, il leur fit enlever leur chaloupe, disant qu'il n'approuvait point qu'on exposât sa vie sans un but d'utilité ; et ce ne fut pas sans peine qu'ils obtinrent qu'elle leur serait rendue.

Ce n'est que sur les grands bâtimens qu'on sait bien se servir de la boussole ; et si de petits en portent aussi quelquefois, elle est si mal montée, qu'elle semble plus propre à égarer qu'à diriger le navigateur. M. Fauvel me raconta que naviguant une fois dans l'Archipel sur un bâtiment grec, et le vent s'étant élevé violemment pendant la nuit, ils perdirent entièrement leur direction. Alors le *karavokiry* jugea à propos de recourir à la boussole. Il la fit donc tirer du coffre dans lequel elle était renfermée ; et comme il n'y avait d'autre lumière qu'une petite lanterne suspendue au mât, au-dessus de la Madonne qui protégeait le bâtiment, il fallut qu'un mousse, tenant la boussole en main, s'appuyât au mât, et donnât de cette manière la direction au timonier. On n'aura pas de peine à croire que le lendemain matin ils se trouvèrent dans un tout autre lieu que celui qu'ils cherchaient.

Et néanmoins, quelque mauvais marins

que soient les Grecs, on en ferait encore plus facilement des matelots, et même on les formerait plutôt à la guerre de mer, qu'on ne viendrait à bout d'en faire encore une fois des soldats. De même que dans la dernière incursion que les Russes firent en Morée, l'intervention des Grecs, loin de leur être avantageuse, leur fut plutôt préjudiciable ; de même toute puissance sera trompée, quand en pareilles circonstances elle fera quelque fonds sur eux. On pourrait, à plus de titres, compter sur le courage des Albanais, dont les Grecs ne cessent d'exalter les actions héroïques à Souly, et dont ils sont tentés de ranger les exploits à côté de ceux des Spartiates et des Athéniens. Ils oublient cependant qu'une partie de ces Albanais, quoiqu'habitant la Grèce, n'ont rien moins qu'une origine commune avec les nouveaux Helléniens.

On trouvera ici la représentation d'un soldat albanais, qui n'est cependant pas de ceux de l'Epire ou de l'Acarnanie, mais de ceux qui depuis assez long-tems se sont établis dans la Morée. Nous le rencontrâmes à Messène, aujourd'hui Mavromathi.

M. Eton a décrit dans son ouvrage une des campagnes d'Ali-Pacha (en 1792), et j'en donnerai une traduction qui servira de préliminaire indispensable au récit que je ferai suivre. Persuadé que cette description intéressera tous les lecteurs, j'ai pensé qu'ils n'apprendraient pas non plus sans intérêt quelques-unes des circonstances ultérieures qui, après une si opiniâtre résistance, ont amené enfin, dans l'automne et l'hiver de 1803, la défaite de cette brave poignée d'hommes.

Mais avant d'en venir là, je dois encore dire un mot de la danse des Grecs modernes, de leur constitution physique, et de l'état de la poésie et des beaux arts parmi eux.

Il serait inutile de rappeler ici combien l'art de la danse était estimé chez les anciens Grecs, et comment, tantôt il était compris dans les institutions militaires, tantôt consacré au service des dieux, et sur-tout entrait toujours comme ornement principal et essentiel dans les fêtes et les représentations théâtrales. Souvent, pour entretenir des chœurs de danses, l'Etat et les particuliers prodiguaient des sommes immenses, quelquefois même la totalité de leurs revenus, sans que cette prodigalité parût choquer les convenances ; et les écrivains se donnaient toutes les peines imaginables pour prouver l'utilité, la nécessité même de cet art.

Les Grecs d'aujourd'hui ont hérité de ce goût. L'oppression sous laquelle ils gémissent, n'a pu étouffer leur gaîté naturelle, et jamais ils ne négligent une occasion de s'y livrer. Des nations asservies ne manquent guères de se modeler sur leurs vainqueurs, et d'adopter sur les bienséances les mêmes règles que ceux-ci professent ; mais jamais la vivacité des Grecs n'a pu se plier à prendre des Turcs leur aversion pour tout mouvement cadencé, pour tout mouvement même qui serait plus rapide que ne l'exige une absolue nécessité. L'on sait que pendant les fêtes de Pâques, les Grecs ont à Constantinople la liberté de faire de la musique et de danser dans les rues, et que des patrouilles sont commandées pour veiller à ce qu'on ne les trouble pas dans leur joie, pourvu seulement qu'ils s'abstiennent de tout excès contraire à l'ordre public. On les voit alors traverser les rues en longues files, sautant et dansant à demi-ivres, parés de leurs habits de fêtes, ayant des fleurs à la tête et à la poitrine ; plusieurs même portent des armes à leur ceinture, comme s'ils avaient recouvré la liberté. Le cimetière de Péra est le principal théâtre sur lequel ils se livrent sans mesure à toute la licence de leur joie tumultueuse.

Les Grecs, ainsi que les Albanais grecs à Athènes, célèbrent aussi la même fête dans le temple de Thésée, avec une grande pompe. Je me suis trouvé une fois à cette époque dans les Iles des Princes, et à Mondania, dans le golfe de même nom, et j'y ai vu les mêmes divertissemens. Ces files joyeuses dansaient au bord de la mer et dans les rues étroites, sans que les ruisseaux, qu'il fallait à tout moment franchir, dérangeassent un instant la cadence ou ralentissent le mouvement.

La danse nationale des Grecs, que l'on regarde comme une imitation transmise de celle du labyrinthe, introduite par Thésée, est extrêmement simple. Les danseurs se meuvent uniformément en cercle, à pas cadencés et figurés, se tenant par la main, sans jamais quitter le rang. Seulement le premier, celui qui mène le chœur, et qui de tems en tems est relevé par un autre, ralentit ou accélère le mouvement, étend ou rétrécit le cercle. Quelquefois, laissant la main de son voisin, il tourne une couple de fois sur lui-même. Cela dure de la sorte des nuits et des journées entières; et ceux qui seraient tentés de s'étonner qu'une si grande uniformité ne les fatigue pas, n'ont qu'à penser à notre danse nationale (la walse).

Toute heure du jour est bonne aux Grecs pour la danse. Les tavernes de Smyrne et des autres ports de mer sont continuellement remplies de buveurs, de danseurs et de chanteurs; et sur le tillac de leurs vaisseaux, ils savent encore trouver une petite place pour leur exercice favori.

A Naxia, le consul du lieu, qui depuis a été tranféré à Coron, et dont j'ai tenu l'enfant sur les fonts de baptême, donna en notre honneur un grand bal auquel fut invitée toute la jeunesse de la ville, et qui dura toute la nuit. Je n'ai jamais vu danser avec tant de passion. L'espace était

N°. I.

N°. I.
Sirto.

Remarque. Le en jouant la Danse N°.1, sont
ceux du signe *. Le chiffre effacé 1,
indi

Remarque. Les deux tems que Mr. Zelter a marqué en encre rouge, et qu'il propose d'omettre en jouant la Danse N°1, sont ceux que l'on voit ici entre deux *accolades* ; tous les autres changemens sont précédés du signe *. Le chiffre effacé 1, indique le *pouce* ; le chiffre 1, l'*index* ; le 4, le *petit-doigt*, et ainsi du reste.

N°. 3.

Da Capo.

fort étroit, et il était curieux de voir danseurs et danseuses, pressés les uns sur les autres, les muscles tendus, le corps dans l'agitation la plus violente, et la tête tantôt renversée en arrière comme dans l'extase du plaisir, et tantôt inclinée de côté avec une expression plus douce.

J'avais prié M. Zelter, directeur de l'Académie de chant à Berlin, de vouloir bien examiner la musique des danses grecques, que l'on trouve ici notée, curieux de savoir s'il y trouverait un caractère particulier d'originalité et de nationalité. Voici son jugement, qu'il a bien voulu me permettre de publier :

« Il est difficile de prononcer, d'après la « musique que vous avez bien voulu me « faire passer, et que je vous renvoie ci-« jointe, sur l'esprit et le caractère des « danses auxquelles elle est affectée, en « supposant même qu'elle soit notée avec « précision, ce qui est encore un travail « assez difficile, même pour des musiciens « très-exercés, et ce dont je suis tenté « de douter, par la circonstance qu'on ne « s'est servi pour en désigner le carac-

« tère, d'aucun autre signe que des notes « et des lignes.

« Si, par exemple, la basse continue « notée dans ces trois danses, représente « le son de divers instrumens, inconnus « peut-être parmi nous, et dont on se sert « dans la danse même pour rendre la « musique plus pleine et plus bruyante, « alors il serait indispensable d'avoir une « description exacte de ces instrumens, « tant de ceux avec lesquels on exécute la « première partie, que de ceux qui for- « ment l'accompagnement, et qui sont « peut-être d'origine turque.

« Il serait nécessaire, en outre, de dé- « crire avec une exactitude scrupuleuse les « danses elles-mêmes sous le rapport de « leurs différentes circonstances et de leurs « effets, des groupes, des mouvemens du « corps, des attitudes, des formes, des « figures, etc., et d'indiquer si ce sont « des danses réservées pour certaines oc- « casions et affectées à certaines classes, etc.

« J'ai désigné les danses par les n.os 1, 2, 3. « La coupe de leur mélodie a, au premier « aperçu, beaucoup de ressemblance avec « nos anglaises, mais manque de justesse

« dans le rhythme par rapport à celles-ci, « en ce que, par exemple, dans le n.° 1, le « 4.e et le 13.e tems sont de trop, ce qui « dérangerait la proportion architectoni- « que. Si au contraire, en jouant cette « même danse, on omet ces deux tems, « et qu'on se serve des notes que j'ai mar- « quées en encre rouge, alors elle a un « caractère propre et déterminé, qui con- « siste dans le contraste des notes longues « avec les brèves, et qui exprime en même « tems fermeté, caprice, et légèreté dans « les mouvemens. Ce caractère existe dans « la danse n.° 2, qui n'a point de faute de « rhythme.

« Mais il en est tout autrement de la « danse n.° 3, qui a plus de gravité dans « le caractère, et une expression très- « marquée de fierté et de résolution. Ce « que j'y trouve de plus remarquable, « c'est le rhythme, qui est réellement plein « d'art; car il consiste d'abord dans deux « cinq deux, suivis de quatre triolets, qui « alternent aussi long-tems que la danse « se répète de fois.

« ZELTER. »

Berlin, 12 mai 1805.

M. Zelter observe que la danse n.° 3 a plus de gravité dans le caractère, etc. Or, c'est précisément l'air que l'on exécute au moment où la danse prend la tournure que je viens de décrire, et que les danseurs s'arrêtant, comme dans le plus haut degré de la passion, se meuvent dans la même place, sans avancer ni reculer. Ce doit être, à ce qu'il me semble, un grand témoignage en faveur de cette musique, que le caractère de la danse y soit si bien exprimé, et c'en est un non moins grand de la pénétration de M. Zelter, d'avoir si bien déterminé l'essence de la musique qu'il avait sous les yeux, sans avoir connu auparavant le caractère de la danse à laquelle elle s'applique. Je suis fâché que mon ignorance dans cet art ne me permette pas de fournir les renseignemens que M. Zelter eût désirés.

Les ménétriers grecs accompagnent par des chants le son de leurs instrumens, et quelquefois même, dans les mouvemens de leur gaîté, les danseurs hors d'haleine font entendre aussi leur voix; d'où est venu le proverbe des Grecs modernes :

« Celui qui n'est pas dans le rang, sait tou-
« jours assez de chansons. »

Athénée [1] fait mention d'une danse nationale à Anthéma, où l'on chantait, avec des gestes imitatifs, les paroles suivantes :

« Où trouverai-je des roses ?
« Où trouverai-je des violettes ?
« Où trouverai-je de beaux lierres ? »

Ici les paroles du chant le plus ordinaire signifient, textuellement traduites :

« Mes yeux, mon ame, mon soleil,
« O toi, ma lune, mon cœur, mon diamant,
« Je t'aimerai éternellement ! »

Et quelquefois, dans les grosses joies du carnaval, ils les parodient, et les appliquent aux mets qui leur sont le plus désagréables :

« Oignons et concombres,
« Herbes et caviar,
« Je vous aimerai éternellement ! »

La danse que je viens de décrire, et dont on voit ici la musique, est généra-

[1] Liv. XVI.

lement connue sous le nom de la *Romeca* (la grecque), ou du *syrtos*.

Les tavernes et les cafés de Constantinople, de Péra et de Galata, sont remplis de danseurs qui exercent leur art pour de l'argent, et qui sont d'autant plus agréables aux Turcs, qu'en même tems qu'ils excitent la passion honteuse qui fait leur goût dominant, ils se montrent presque toujours disposés à la satisfaire; turpitude si commune chez les Turcs, qu'ils ne prennent même pas la peine de la déguiser. Ces danseurs sont de jeunes garçons, depuis dix jusqu'à dix-huit ans, la plupart bien vêtus et en couleurs bigarrées. Ils laissent croître et pendre leurs cheveux, avec lesquels les Turcs se plaisent à jouer; et toutes leurs manières ont quelque chose d'extrêmement efféminé, tenant beaucoup de celles de nos filles publiques, dont ils ont aussi la cupidité. Il y a de grands seigneurs qui ont chez eux plusieurs de ces jeunes garçons qui, d'après le degré de faveur dont ils jouissent, sont plus ou moins magnifiquement entretenus.

Pendant mon séjour à Janina, je fus invité un soir à une des orgies du fils aîné d'Ali-Visir, Mouctar-Pacha, qui n'est pas moins connu pour la licence de ses mœurs que pour son extrême bravoure. La société était composée de l'archevêque d'Arta, qui est en grande faveur auprès de toute la famille de ces princes; d'un médecin franc; d'un jeune Grec, confident et compagnon des plaisirs de Mouctar; et de l'habile banquier juif Kalaph. Il était venu en outre avec moi un secrétaire d'Ali-Visir, que ce prince m'avait envoyé comme interprète, et qui m'accompagnait toujours.

Chaque convive avait auprès de lui un jeune garçon bien peigné, qui versait du vin dans lequel on avait mêlé des herbes odoriférantes. On but à pleins verres, et l'on porta force santés. La musique du banquet consistait dans une troupe juive appartenant au pacha, et quelquefois elle chantait des chansons amoureuses, de la composition de Véli-Pacha, second fils d'Ali-Visir.

Lorsque le vin eut commencé à échauffer la tête de Mouctar, il fit enlever la table, et l'on nous présenta des pipes. Alors il fit appeler ses deux garçons favoris, afin qu'ils nous divertissent par un échantillon de leur habileté. C'étaient sur-tout Kalaph et le grec Alexis qui, ayant la tête plus prise que les autres, et se livrant à toute la licence de la gaîté, avaient mis le pacha en aussi joyeuse humeur. Les deux danseurs étaient magnifiquement habillés ; le plus chéri, dans des étoffes d'or de la plus grande richesse, l'autre en drap d'argent. Le pacha nous les présenta, et nous assura que dans le cours de sa vie guerrière et orageuse, ce n'était souvent qu'auprès d'eux qu'il avait trouvé quelque repos ; qu'ils l'accompagnaient fidèlement dans toutes ses campagnes, et que jamais il ne s'en séparait.

Ils commencèrent alors une danse des plus voluptueuses, dans laquelle, comme dans la véritable fandango et presque toutes les danses nationales du midi, l'extrême souplesse des mouvemens de la hanche n'altérait jamais l'aplomb ni la tenue de la partie supérieure du corps. Ensuite ils se mirent à tourner séparément autour de la chambre, d'abord lentement, puis avec une précipitation toujours croissante, balançant en même-tems les bras avec beaucoup de grâce, et accompagnant ces mouvemens du son de leurs castagnettes, qui marquaient la cadence. Mais bientôt ils se renversèrent sur le dos, peignant par leurs gestes et leur expression l'ivresse et l'extase du plaisir; après quoi ils s'approchèrent, tout épuisés, du pacha, qui les caressa, les embrassa et leur fit des cadeaux.

Les deux fils d'Ali-Visir, Mouctar et Véli-Pacha, tous deux à la fleur de l'âge, l'aîné pouvant avoir vingt-quatre ans, faisaient de Janina le siége de la débauche, de la galanterie et des intrigues. Mais du moins il faut dire à leur louange, qu'au lieu de se conduire en despotes orientaux à l'égard des femmes dont la beauté allumait leurs passions, ils cherchaient plutôt, amans tendres et empressés, à gagner leur cœur par des attentions, des libéralités, des fêtes et des sérénades. Ils ont eu même quelquefois la générosité de renoncer à leurs prétentions, là où d'anciens rivaux faisaient valoir des droits antérieurs. Pendant mon séjour en Albanie, Véli-Pacha, jeune homme qui annonçait les dispositions les plus brillantes, était passionnément amoureux d'une belle Grecque, nommée *Frosine*. Après être revenu vainqueur de la conquête de Souly, il négligea entièrement, pour cette Grecque, son épouse légitime, qui en porta ses plaintes au cruel Ali-Visir. Là dessus, le jour de St.-Athanase 1804, Ali fit tout-à-coup, le matin de bonne-heure, saisir Frosine et trente-neuf autres femmes, les plus distinguées par leur beauté d'entre celles qui ne l'étaient pas autant par leur chasteté, et il les fit jeter dans le lac Achérusia, « afin, » dit-il, « d'améliorer les mœurs de la ville. »

Les anciens avaient une sorte de danse, que, selon Athénée [1], ils nommaient *hyporchématique*, et qui était encore fort usitée du tems de Xenodon et de Pindare. Elle devait par des mouvemens convenables exprimer le sens des paroles que l'on chantait. De ce genre était, par exemple, le cordax, qui représentait l'histoire de Pan et d'Echo, ou celle d'un Satyre, compagnon d'ivresse de Bacchus. Le mimos s'en rapprochait aussi beaucoup; c'était, d'après la définition du professeur Wolf, un poëme de courte haleine, embrassant tous les genres d'imitation; une courte comédie, ou une scène extraite d'une plus

[1] Liv. 1.

grande pièce. Le mimos n'excédait jamais deux ou trois cents vers, et se composait d'un mètre qui se rapprochait de la conversation, et pourrait bien avoir été l'iambe. Il représentait des choses familières, tel que ce qu'il y avait de précieux ou d'affecté dans les manières d'une personne, etc., quelquefois aussi sans satyre, la vie et la façon de penser de quelqu'un.

J'ai assisté à un spectacle à-peu-près de ce genre, tel qu'il est en usage chez les Turcs, et je vais en donner ici une description succincte.

Le mois de ramazan est en même-tems le carnaval et le carême des Turcs, en ce qu'ils consacrent le jour au jeûne et à la pénitence, et la nuit à la récréation et aux divertissemens. Précisément à cette époque, je faisais de Smyrne une excursion dans la Lydie et l'Ionie, avec M. Usko, connu par ses voyages et ses connaissances philologiques; M. Duveluz, marchand anglais; M. Meyer, auteur du roman philosophique de Dianasora, et M. Gropius. Un soir, d'assez bonne heure, nous arrivâmes à Kassaba-Durguthli, bourg considérable, à quelques lieues de Sardes. Comme nous avions des recommandations pour le riche aga du lieu, Seyfisada, nous les lui fîmes passer, y joignant quelques confitures françaises. Il nous fit aussitôt inviter chez lui, et nous demanda poliment en quoi il pourrait nous être agréable. Comme j'avais entendu dire qu'il y avait dans ce lieu des danseurs fort estimés, et qu'en ma qualité de novice dans le Levant, j'étais curieux de les connaître, je le priai de nous procurer ce spectacle. Il nous répondit qu'à la vérité cela ne pouvait avoir lieu dans son sérail, parce qu'il aimait trop ses femmes pour leur donner un sujet de jalousie et de scandale, mais qu'il allait sur-le-champ donner ordre à la troupe de se rendre dans notre chan. Elle nous arriva effectivement après souper, et nous dressâmes le théâtre dans un grenier.

Le personnel consistait en quatre garçons très-bien faits, de treize à dix-sept ans, deux bouffons avancés en âge, et les musiciens qu'on emploie d'ordinaire dans ce pays-là comme agens d'intrigue. Les jeunes garçons parurent en costume complet de femmes turques, avec de larges ceintures fermées par de grandes plaques d'argent, tandis que les deux comiques étaient vêtus en gens du commun, et même l'un d'eux à dessein en haillons. Le sujet de la danse était une représentation très-libre des mœurs et des intrigues des femmes turques. Le ton criard de leur voix, leurs manières, soit lorsqu'elles chantent, soit lorsqu'elles conversent, étaient imitées dans la plus grande perfection. Les femmes s'étaient échappées des mains de leur mari, ou bien en son absence avaient donné un rendez-vous secret à l'amant, qui était représenté par le mieux vêtu des bouffons, tandis que celui qui était en haillons, et qui faisait également tous ses efforts pour leur plaire, n'en retirait pour sa part que mistifications, coups de poing et mauvais traitemens de tout genre. Si quelquefois les danseurs venaient à se former en cercle, c'était l'amant favorisé qui menait la danse, faisant les gestes les plus lascifs; au lieu que l'amant rebuté se plaçait au milieu du cercle, tenant une lumière en main, plaisanterie qui semble leur être commune avec presque tous les pays de l'Europe. Du reste les pas des danseurs et le mode de la danse étaient les mêmes que j'ai décrits plus haut au souper de Mouctar-Pacha. De tems en tems les musiciens mêlaient leurs voix au chant des acteurs, qui célébrait presque toujours le bonheur de l'amour couronné. Quelquefois aussi, comme entraînés par un mouvement subit, ils se levaient brusquement de leur place après une finale bruyante, et se mettaient à tourner avec les acteurs. Tout cela était accompagné du bruit des castagnettes, et de celui des grelots, des plaques d'argent qui pendaient à leur ceinture, et d'autres ornemens de métal.

L'on évalue dans les tavernes de Constantinople le nombre de ces garçons à environ six cents; mais on ne souffre pas que des Turcs descendent à ce métier dégradant. Quelques-uns sont Arméniens ou Juifs, la plus grande partie Grecs et des îles de l'Archipel. Beaucoup d'entre eux finissent par embrasser la religion musulmane, séduits par les Turcs qui les entretiennent. Lorsque ces jeunes garçons sont réunis en un certain nombre dans les tavernes de Galata, ils exécutent différentes passes, comme dans les allemandes. Quelquefois aussi ils prennent des attitudes difficiles, et exécutent des tours de force et des sauts périlleux.

Il n'y a d'ailleurs, outre la danse, aucun exercice du corps qui soit en usage parmi les Grecs. Ils n'ont même pas autant de goût que les Turcs pour celui du cheval. J'ai vu néanmoins quelquefois à la campagne un jeu qui consiste à jouter à qui en trois sauts mesurera le plus d'espace. Il serait hors de propos de citer ici les lutteurs et charlatans à gage que l'on voit dans les fêtes et les grandes solennités de Constantinople, et dont quelques-uns sont de la nation grecque.

Puisqu'une fois j'ai fait mention de cette honteuse dégénération du penchant naturel, si commune en Turquie parmi les hommes, je ne puis omettre de dire aussi en passant que beaucoup de femmes n'y sont pas restées plus fidèles ; peut-être par cela même qu'elles se voient si souvent négligées. Les bains communs paraissent y avoir aussi beaucoup contribué. A Athènes, par exemple, cette dépravation est devenue très-commune, y ayant été comme mise à la mode par une femme turque, épouse du fameux tyran Haliadgi-Aga. On m'y montra une femme qui entretenait pour elle un harem de cette nature, qu'elle surveillait avec l'œil de la jalousie la plus vigilante.

Il est assez commun parmi nous de se faire une idée extraordinaire de la constitution physique et de la beauté des Grecs modernes. Frappés d'admiration à la vue de ces incomparables chefs-d'œuvre dont quelques-uns se sont transmis jusqu'à nous, c'est chez les descendans de ceux qui en fournirent les modèles, que nous croyons pouvoir les trouver encore aujourd'hui. Mais avec le génie qui créa ces prodiges de l'art, se sont éteintes, à ce qu'il paraît, ces formes primitives qui excitaient si fortement le penchant de l'imitation; à moins que l'on ne se contente de les rencontrer aujourd'hui dans les traits isolés de quelques individus épars, comme au reste il est assez probable que cela avait lieu dans ces tems meilleurs qui nous ont précédé, et comme il n'est pas extrêmement rare que cela ait lieu dans nos climats.

Winkelmann, dans une infinité de passages de son *Histoire de l'Art*, s'exalte sur son peuple favori, et sur l'influence qu'a eue et qu'a dû nécessairement avoir sur les formes humaines, l'éternel printems de ce fortuné pays. Mais sans nous arrêter à relever ici ce qu'il y a de chimérique dans ces avantages enchanteurs que l'on se plaît à prêter au climat de la Grèce, peut-on supposer après tout que l'espèce des hommes change de nature par l'influence du climat sous lequel elle se trouve placée? Transplantés sous le beau ciel de l'Italie, nos sapins se transformeront-ils en figuier? et le cheval anglais dans les déserts de l'Arabie prendra-t-il le caractère de la race des chevaux indigènes? La formation primitive fait presque tout; les mœurs, le genre de vie, la forme du gouvernement font quelque chose; le climat ne fait presque rien. C'est ainsi qu'au bout de mille ans, dispersés dans toutes les parties du monde, tous les Juifs se ressemblent encore aujourd'hui; c'est ainsi que sous le plus heureux des climats, les indigènes de l'île de Malte ne se font remarquer que par leur laideur. Celui qui s'aviserait de dresser un tableau des différens climats de la terre, et de le faire servir d'échelle pour la mesure de beauté des différens peuples, en tirerait à coup sûr les résultats les plus faux. Est-ce donc par un effet du climat que généralement à Rome les femmes sont beaucoup plus belles que les hommes, tandis qu'à Naples c'est précisément le contraire? qu'à Chio et à Pathmos presque toutes les femmes sont belles, et qu'à Samos, qui en est à peine distant de dix milles d'Allemagne, il est fort rare d'en trouver une passable? N'est-il pas constant qu'à Athènes, cette ville qui jouit d'un ciel si serein, les femmes de tout tems le cédèrent en beauté à presque toutes les autres, et sont encore aujourd'hui les plus laides de toute la Grèce [1]; tandis que nous voyons sous les brouillards de la Béotie [2],

[1] L'on ne saurait m'alléguer les belles Albanaises qui habitent la ville d'Athènes, puisqu'elles sont de race tout-à-fait étrangère. (*Voyez* la planche ci-jointe).

[2] Il semble que le brouillard et l'humidité de l'air soient favorables à la fraîcheur du teint, comme nous le voyons dans les Hollandaises. Les Romaines et les Vénitiennes sont aussi les plus blanches de toutes les femmes d'Italie. Au reste, les hommes d'Athènes ont cessé de se distinguer par leur beauté; mais les

Albanaise, habitant Athènes.

circuler le sang le plus pur, et se développer les formes les plus séduisantes ? Pourquoi enfin en plusieurs endroits de la Grèce, le nombre des filles qui naissent est-il sans proportion plus considérable que celui des garçons, tel par exemple qu'à Pathmos, où la différence est certainement de huit contre un, tandis que Céphalonie, au contraire, est beaucoup plus féconde en hommes ?

Il est rare en Grèce et dans toutes les parties du Levant que j'ai parcourues, de rencontrer des personnes disgraciées et contrefaites ; mais les formes nobles et les proportions régulières n'y sont aussi rien moins que communes, et ce que nous nommons profil grec, n'est pas plus facile à trouver en Grèce que chez nous.

On voit à Constantinople parmi les Arméniennes, des femmes de la plus grande beauté. Une chose remarquable, c'est que dans le Levant presque tous les enfans sont beaux, leurs traits fins et délicats, et leur développement extraordinairement pré-

habitans de l'île de Cos ont conservé celle que les anciens leur attribuaient. « Cette île semble produire « des dieux, » dit Athénée, liv. I. chap. XII.

coce ; mais ce développement ne se poursuit pas dans la même proportion avec les années, circonstance que les observateurs attentifs retrouveront encore parmi les Juifs de nos contrées, et principalement parmi les hommes.

Les beaux yeux ne sont pas rares en Grèce, et y sont même plus communs que les yeux sans expression. Les habitans de l'île de Miconi sont sur-tout cités à cet égard, ainsi que pour leurs cils d'yeux longs et foncés ; et ils méritent cette réputation à beaucoup plus juste titre que ceux de Naxos qui prétendent aussi se l'attribuer.

Les femmes grecques ne dédaignent pas de suppléer par l'art à ce qui leur aurait été refusé par la nature, et ne négligent aucun des secours que la toilette peut leur offrir pour relever l'éclat de leurs charmes. Les faux cheveux sont fort en usage dans la Grèce, et à Athènes on porte de longues tresses de soie, imitant parfaitement la chevelure ; mais l'usage excessif d'un très-mauvais fard, et surtout du blanc dont elles se placardent impitoyablement, leur détruit souvent les dents, comme à Chio et à Pathmos, et flétrit par conséquent la pureté de leur haleine. Au reste, une beauté vraiment nationale dans les femmes de ces contrées, c'est la grâce de leur cou, la noblesse avec laquelle il se meut, et la manière dont la tête y est placée; et c'est aussi par-là qu'aux agrémens qui attirent et séduisent elles joignent encore souvent la majesté qui impose.

Elles ont généralement la poitrine bien faite, la gorge bien placée et bien proportionnée; mais à peine éclose elle se flétrit, comme les plantes sur laquelle le scirocco a soufflé, même chez de jeunes filles de dix-sept à dix-huit ans, qui à tout autre égard ont conservé la fraîcheur de cet âge. On a voulu attribuer cela aux bains, mais je crois plutôt que c'est une disposition particulière du tempérament des femmes grecques, de même que celle qu'elles ont également à prendre de bonne heure beaucoup d'embonpoint; à quoi cependant l'indolence et l'inactivité des classes aisées pourraient bien avoir aussi quelque part. Au reste on ne hait pas dans le Levant une certaine mollesse et une certaine fléxibilité dans les chairs. Le prince Cantémir remarque dans une note sur les Circassiens, de son histoire de Bajessid II, que la fraîcheur et la fermeté des femmes européennes ne plaisaient point aux Turcs.

Le costume des femmes grecques de Constantinople et de Smyrne, qui a été adopté par celles des premières classes, tant dans l'Archipel que sur le continent de la Grèce, n'est en définitif rien moins qu'avantageux, bien qu'il y règne le plus grand luxe et la dernière magnificence. De petits bonnets brodés, pas plus grands que le creux de la main, que les dames portent quelquefois aux cours de Jassi et de Bucharest, coûtent jusqu'à deux mille piastres, uniquement pour la finesse et le grand travail de la broderie, sans y comprendre les perles et les pierres précieuses dont on les enrichit assez souvent. On connaît le luxe des schawls; les sultanes ne portent souvent les plus beaux qu'une couple de fois, et les vendent ou les donnent ensuite, et les femmes grecques s'efforcent toujours de les imiter autant qu'il leur est possible. Les schawls nakkara sont les plus chers et les plus

IX.

VIII.

estimés, mais rares, même à Constantinople. Les bleus et les noirs sont maintenant en Europe d'une plus grande valeur que les autres, parce que les Juifs et les Arméniens, qui ne peuvent porter que des couleurs foncées, en achètent dans le Levant un grand nombre pour leur propre usage; ce qui fait qu'à Stamboul même ils ont haussé de prix. On fabrique aussi des mouchoirs brodés, qui sont de la plus grande beauté et pleins de goût.

Les femmes se servent volontiers pour leurs robes des riches étoffes d'Alep, brochées en or; mais elles sont roides, et les plis n'en ont point de grâce. Souvent aussi elles y emploient des schawls du plus grand prix. Le costume national de Chio est d'un assez bel effet à quelque distance, mais théâtral et trop chargé. (*Voyez* les planches ci-jointes, en observant que les femmes qu'on y a représentées sont des catholiques romaines, et qu'en conséquence leur jupon descend jusqu'aux pieds, ce que l'évêque ne cesse de leur recommander; au lieu que chez les femmes grecques, il ne descend que juste au-dessous du genou). Les dames de cette île se distinguent par leur propreté et la recherche de leur parure, et tiennent sur-tout beaucoup à une chaussure élégante. Elles portent des bas de soie fabriqués dans l'île. La robe est ordinairement de couleur verte ; mais comme il y a beaucoup de Turcs à Chio, et qu'ils pourraient s'en formaliser, elles en achètent pour d'assez fortes sommes l'autorisation formelle. C'est que le vert est, comme on sait, une couleur sacrée pour les Turcs. Les émirs seuls ont droit d'en ceindre leurs turbans. Tout Turc peut bien porter des habits verts ; mais l'émir même ne saurait porter ni souliers, ni babouches, ni bottes vertes, pour ne pas fouler cette couleur aux pieds. Il n'y a que dans les îles peu fréquentées par les Turcs, que chacun à cet égard peut en user comme il lui plaît.

La coîffure à Chio a tout-à-fait la forme du bonnet phrygien. Les cheveux sont soigneusement bouclés sur les côtés, comme c'est la coutume chez les femmes de la Nord-Hollande, et quelques boucles se détachent et viennent flotter sur le sein.

Mais la coîffure de Pathmos est celle qui m'a plu davantage. Elle donne aux femmes un aspect vraiment majestueux. C'est une sorte de turban composé de plusieurs aunes de soie blanche, roulées avec beaucoup d'art, et dont un bout pend en arrière et descend presque jusqu'aux talons.

A Miconi, les jupes ne descendent que jusqu'aux genoux. (*Voyez* la planche ci-jointe). Les femmes y portent des bas ponceaux ou bleu-clair, dont elles ne manquent pas de mettre plusieurs paires l'une sur l'autre, parce qu'elles regardent comme une beauté d'avoir la jambe très-forte; et sur-tout elles ont grand soin d'employer le secours des demi-bas, pour se rendre le bas de la jambe égal en grosseur au mollet, ce qui constitue pour elles le plus haut degré de la perfection. Des coîffes d'un velours incarnat y relèvent l'éclat d'un œil noir et plein de feu. Mais ce qui fait un effet fort singulier, c'est la largeur démesurée des manches de leurs chemises. Un jour que M. Gropius s'était lavé les mains chez notre hôtesse de Miconi, et qu'il ne trouvait pas sur-le-champ une serviette pour les essuyer, elle lui présenta une de ses manches, et après quelques façons, elle finit par l'obliger à s'en servir.

A Naxos et à Paros, les femmes s'habillent très-désavantageusement. Dans la première de ces îles, elles portent des robes dont le dos a la forme d'un coussin carrelé.

Parmi les hommes grecs, il n'y a proprement que deux costumes ; celui du Fanal ou des gens de distinction, et celui du petit peuple, tels que les matelots, ouvriers, etc.

Le goût des odeurs les plus âpres et les plus fortes est commun dans le Levant à l'un et à l'autre sexe, comme l'essence de rose, le musc, l'aloës. Les pastilles du sérail (*tenzoufi*) que nos dames portent aussi maintenant, sont composées de musc, de bois d'aloës et de quelques autres ingrédiens. Le moyen dont on se sert pour lier ces ingrédiens entr'eux, et leur donner la consistance de pâte, est tenu secret. Comme cette composition est très-chère, les véritables pastilles ne se préparent que dans le sérail de Constantinople. Mais on y emploie des Arméniens qui détournent quelques parties de la masse, et en mettent ainsi une certaine quantité en circulation ; de là vient qu'on y voit plusieurs marques chrétiennes, telles que des doubles aigles, des cœurs transpercés, etc.; car celles qui sont destinées pour les Turcs ne portent que des fleurs ou des inscriptions. Il est remarquable que dans la Grèce et l'Asie Mineure, on supporte sans aucun inconvénient ces mêmes odeurs qu'en Italie on regarde comme mortelles; de sorte que, dans ce dernier pays, on ne souffrirait même jamais de roses ni de jacinthes dans les appartemens, et que dans les jardins on cultive peu d'œillets et de fleurs à odeurs fortes, mais plutôt celles qui n'en ont point, ou du moins qui n'en exhalent qu'une très-faible. A mon arrivée en Italie, je pris cela pour de l'affectation, et c'est la première idée de presque tous les étrangers qui arrivent à Rome et à Naples; mais après un plus long séjour, je m'aperçus que je devenais moi-même plus sensible à l'action des parfums, et que mes nerfs en étaient désagréablement affectés.

On est moins susceptible de cette impression à Florence, où l'on fabrique même beaucoup de parfums d'une très-grande force, et les essences du couvent de Dominicains de Sainte-Marie Novella sont connues jusques dans l'étranger ; mais à Rome il y a des dames qui ne sauraient supporter l'odeur d'une écorce d'orange, tandis que les mauvaises odeurs, et certaines herbes qui en ont une très-âpre, y sont réputées innocentes. Une marquise Ruggi, qui mourut à Naples il y a quelques années, devait, dit-on, sa mort à l'indiscrétion d'un officier anglais qui, six semaines seulement après ses couches, avait répandu dans sa chambre l'odeur d'essence de rose turque. Il n'y avait personne à Naples qui pensât même à chercher une autre cause.

Quant aux dames grecques, elles se font des pelotes de fleurs de jasmin qu'elles portent sur la tête, et sont quelquefois toutes trempées d'eau de rose ou d'orange, sans que leur santé en éprouve la plus légère altération. On aime sur-tout en Grèce, à mettre du jasmin dans le linge, ainsi que parmi les fruits que l'on présente, coutume qu'on retrouve aussi en Sicile.

Les tulipes sont de toutes les fleurs celles dont les Levantins font le plus de cas ; et l'on sait que pendant long-tems les sultanes ont célébré dans le sérail, ainsi que dans leurs maisons de campagne, des fêtes annuelles à la naissance des tulipes. Vient ensuite l'œillet, puis la jonquille, le jasmin etc., et aussi plusieurs herbes, sans oublier le *muschi-rumi*, jacinthe muscade, qui joue un rôle si important dans le langage symbolique des fleurs, et dont le nom, littéralement traduit, veut dire *muse d'Europe*. Mais les fleurs sont rares et chères, en raison du climat plus ou moins favorable, et du degré de passion qu'on a pour elles.

En contemplant sur ce sol aujourd'hui frappé de stérilité, les monumens de l'art que la main du tems a épargnés, en retrouvant çà et là chez les Grecs modernes quelques traces des usages et des mœurs de leurs illustres devanciers, rien n'est plus naturel que de vouloir examiner s'il n'y aurait pas aussi çà et là dans les têtes quelques étincelles de l'ancien esprit, ou si les Grecs d'aujourd'hui sont entièrement frustrés de cette plus belle portion de l'héritage de leurs pères. Mais il en est alors comme du voyageur sur l'Etna, lorsqu'il arrive au châtaignier des cent chevaux, et qu'il retrouve à peine l'écorce de cet arbre antique, qui ne commande encore le respect que par les siècles qu'il compte. On lui montre aussi les fruits de cette plante jadis si féconde, et il ne voit que des avortons languissans. Mais cette disproportion entre ce qu'il voit et ce qu'il s'est promis, donnerait à peine une idée de celle qui existe entre ces tems de l'ancienne Grèce, si féconds en chef-d'œuvres de l'art, et l'impuissance presque absolue de la Grèce de nos jours. Les générations s'y renouvellent, comme le feuillage renaît chaque année sur l'arbre épuisé de l'Etna ; mais les fruits se nouent et ne mûrissent plus, et les Grecs modernes confirment eux-mêmes leur proverbe :

Ap' angathi vieni rodon, kai apo rodon vieni angathi.

« De l'épine croît la rose, et de la rose croît de nouveau « l'épine. »

La sculpture est éteinte, grace à la religion qui la proscrit, et aux iconoclastes qui en ont détruit tous les monumens ; et le seul ouvrage en bosse que j'aie vu dans toute la Grèce, c'est un bas-relief en mastic, à Mégaspilion en Achaïe, représentant la mère de Dieu. Cette image, réputée miraculeuse, est attribuée à saint Luc, ce qui lui aura valu vraisemblablement d'échapper à la proscription ; mais il serait difficile de la ranger parmi les productions de l'art.

On ne fait aucun usage des superbes carrières de marbre du mont Penthélique et de Paros. Si par hasard, soit pour des églises ou des mosquées, soit pour des fortifications, on a besoin de marbre, de colonnes, ou de matériaux quelconques, on trouve plus commode de piller les restes de l'antiquité. C'est ainsi qu'à Olympie en Elide, l'aga de Lala a fait du temple de Jupiter une carrière qui fournit à ses nouvelles constructions, et qu'à Athènes, pour s'épargner la peine d'aller un peu plus loin chercher des masses brutes, on se sert, lorsqu'on a besoin de chaux, des tronçons de colonnes du Parthénon et des Propylées.

Dans le port de Nausa, situé dans la partie occidentale de Paros, il entre souvent des vaisseaux sans frêt, destinés à aller prendre leur cargaison dans l'Asie Mineure ou dans la mer Noire. Je m'informai du primat pourquoi ces bâtimens n'y déchargeaient par leur lest pour y substituer du marbre des carrières, qu'ils transporteraient à Constantinople et à Smyrne, d'où souvent on en envoie chercher envain à Alexandrie, Troas et Thymbrek. Il me répondit qu'on ne se livrait pas volontiers à des spéculations de ce genre, où l'on ne pouvait pas compter avec certitude sur le remboursement très-prompt de ses avances; qu'en outre du moment que les Turcs apprendraient qu'il se serait ouvert dans les îles une nouvelle branche d'industrie, ils ne manqueraient pas de hausser le *caratsch* ou la capitation. Mais je suis persuadé que ce n'est là qu'un prétexte, et le manque d'industrie la véritable raison. Il y a bien encore quelques marbriers à Paros, mais ils ne fabriquent que des mortiers et des vases pour y conserver le sel. Dans l'île de Tine qui en est voisine, et où plusieurs tailleurs de pierres se sont établis, on a essayé avec quelques succès d'exécuter de plus grandes entreprises. Le curé catholique du village de Stigni, situé sur une montagne de cette île, bonhomme et de la plus grande complaisance, me conduisit dans son église dont, à l'aide d'une collecte, il avait fait depuis peu exécuter le maître - autel en marbre blanc et noir. Le blanc n'a ni l'éclat ni le luisant de celui de Paros, mais il est moins dur et plus facile à travailler. Je vis aussi à Chio, dans l'église catholique, des ouvrages de marbre du pays, bigarré et parfaitement poli.

Moins malheureuse que la sculpture, la peinture, quoique très-dégradée, n'est pas du moins entièrement bannie d'un sol où jadis elle produisit des effets si magiques. Le grand culte que l'on y rend aux Saints ne permet pas de se passer de leurs images, et il n'y a pas de maison où l'on n'en rencontre au moins une, soit à l'entrée, soit au-dessus du lit. Mais ce sont aussi là les bornes dans lesquelles la peinture est circonscrite, et il ne faut chercher en Grèce ni peintres d'histoire, ni peintres de portrait. On n'y trouverait personne qui sût lever un paysage, encore moins l'imaginer, ni même copier isolément de la nature avec quelque vérité un arbre, une fleur, ou un animal quelconque. Toutes grossières même que sont leurs images, et si défectueux qu'en soit le dessin, on n'y aurait pas encore la force de les produire, si d'une génération à l'autre il ne s'était transmis certains types dont les originaux primitifs, comme on le reconnaît au premier coup-d'œil, remontent jusqu'aux tems les plus reculés du christianisme. On voit ici la copie exacte de quelques-unes de leurs images.

Ayant entendu parler à Athènes d'un peintre qui y était établi, et qui même jouissait d'une assez grande réputation, je ne tardai pas à le visiter. C'était un homme d'un certain âge, et je le trouvai dans son atelier occupé à peindre des dragées pour la table d'un Grec. On lui donnait le titre de maître (*didascale*). Mais qu'on n'aille point penser à ces maîtres distingués des écoles d'Italie; celui-ci n'était rien de plus qu'un ouvrier. Je lui commandai différentes Madonnes, et il m'engagea à choisir celles qui me conviendraient davantage. Là-dessus il alla chercher une grosse liasse de papiers, sur lesquels étaient tracés et piqués à l'aiguille les contours de divers sujets et personnages religieux. Tout cela était tel que son maître le lui avait transmis, et il avait seulement grand soin d'en calquer de nouveaux, dès que ceux-là mena-

XI.

Portraits de St George et de St Démétrius.

çaient ruine. Après qu'on a fait son choix, il fixe son papier sur une planche, et fait passer au travers du charbon pulvérisé. Ensuite il donne la couleur, mais en posant d'abord le couleur de chair, puis le rouge, le verd, le bleu, le jaune, etc., à-peu-près comme chez nous on barbouille les cartes de jeu. Aussi ne faut-il lui demander ni harmonie dans les couleurs, ni demi-teintes. Le fond est invariablement doré, et c'est aussi toujours sur bois, et jamais sur toile qu'ils appliquent leurs peintures. Ils ne connaissent pas celle en huile, ou du moins n'en font aucun usage, et c'est encore avec du blanc d'œuf qu'ils fixent leurs couleurs, comme on faisait avant cette invention. Eton dit [1] qu'il a vu dans les Dardanelles des tableaux encaustiques. Pour moi je n'ai rien vu qui y ait le moindre rapport, et j'ai eu beau prendre des informations à cet égard, on n'a pas même compris de quoi je voulais parler. Les peintures des murailles de leurs églises, ainsi que les décorations de leurs appartemens, sont à la colle sur chaux. On ne

[1] *Survey of the Turkish empire.*

manque jamais d'écrire sur le tableau le nom du Saint qu'il doit représenter.

Mais précisément cette imitation servile des formes qui leur ont été transmises, cette tradition dont ils ne dévient jamais, donne à leurs peintures un certain caractère de simplicité, de naïveté, quelquefois même de sainteté, tel que nous le retrouvons avec plaisir dans les premiers ouvrages de l'art, qui en signalèrent la renaissance dans l'occident, où il n'était effectivement alors qu'une plante exotique, transplantée de la Grèce et du Levant. Leurs représentations sont bizarres, étranges, quelquefois même ridicules ; mais jamais, comme je l'ai dit, elles ne s'écartent de ce qui est une fois établi. C'est toujours sur un cheval blanc que saint George est monté, c'est invariablement un cheval bai qui porte saint Démétrius. Le premier a toujours en croupe un jeune garçon en habit long, tenant en main un bassin à laver, et une serviette sur l'épaule, afin qu'aussitôt après le combat, le Saint puisse se purifier du sang du dragon; tandis qu'on voit toujours en croupe derrière saint Démétrius un pieux évêque à

ΜΡ
ΘΥ
ΙC ΧC

longue barbe et les mains jointes, qui implore pour le Saint les bénédictions du ciel, tandis que celui-ci combat contre le géant payen.

Je possède aussi une petite Madonne dont je donne ici la copie. Elle est représentée en habit de gala or et rouge, avec des fleurs brochées, une couronne de diamant sur la tête, un cyprès et une pomme dans les mains. L'enfant qu'elle tient sur ses bras porte une couronne pareille à celle de la mère, et tient en main le sceptre, comme roi du monde. Sous ses jambes, qui sont bottées, on voit un nuage reposant sur un tabouret. Des anges ailés, ayant les bras croisés sur la poitrine, tiennent au-dessus d'eux un arc blanc, sur lequel on lit les mots : « Rose du ciel, » et le commencement de la salutation angélique. Ce sont les archanges Michel et Gabriel, comme l'indiquent les lettres initiales de leurs noms. Plus haut est écrit en caractères grecs : « Mère de Dieu et Jésus - Christ. » Sur les côtés on voit le soleil, la lune, le livre de l'Evangile, un encensoir, un pot de fleurs et un chandelier.

Parmi les peintures d'église les voyageurs ne manqueront pas de remarquer celles du temple de Thésée à Athènes, et celles d'une église de couvent, dont le nom m'est échappé, et qui est située dans la même contrée, du côté des jardins. Je la présume dédiée à saint Michel; du moins s'y trouve-t-il une ancienne mosaïque qui le représente, et qui n'est point sans mérite. Les mosaïques de l'église du couvent de Daphny, sur le local du fameux temple de Vénus, entre Athènes et Eleusis, méritent aussi d'être remarquées.

Autrefois toutes les provinces de l'Hellénie retentissaient du chant des poëtes; par-tout où s'établissait une colonie grecque, Apollon et son cortège venaient bientôt se fixer auprès d'elle; et de tous les côteaux comme de tous les vallons, jaillissaient en abondance des sources inspiratrices. C'était dans les eaux du Mélès et de Castalie que s'abreuvaient les grands cygnes de la Grèce, tandis que le chantre badin des amours trempait son aile légère dans l'onde du Permesse, qui du haut de l'Hélicon descendait en murmurant dans le lac Copaïs.

Les Grecs modernes n'ont pas perdu le goût des vers ; mais, pour me servir de la figure du poëte, au lieu que jadis de l'arbre de la poésie, « une neige de fleurs « venait couvrir la terre, » il n'en tombe plus aujourd'hui que quelques feuilles dessèchées et sans suc, et l'époux de la jeune Aurore n'est plus qu'une chétive cygale. Les dieux accordent tout aussi peu l'immortalité aux peuples qu'aux individus. Tout, dans la poésie grecque, sent la fatigue et l'épuisement. D'éternelles répétitions et une prolixité sans mesure, interrompue seulement quelquefois par des expressions précieuses et boursoufflées, ont remplacé la noble simplicité des anciens. L'oreille a perdu le sentiment de l'hexamètre. Il n'est plus question ni de mesure, ni de quantité; tout repose sur l'accent, sur la rime et sur une certaine rédondance dans les sons, à l'effet de quoi ils emploient les apostrophes et les élisions les plus forcées. Et cependant ils ne laissent pas de s'aventurer dans divers genres de poésie. Ils ont, par exemple, un poëme sur la guerre des Russes contre les Turcs, et la bataille navale du comte Orlof à Tschesme, et un autre sur la conquête de la Morée par les Turcs, au commencement du siècle dernier. Je vais donner le sens exact et littéral de quelques passages du premier, afin que le lecteur puisse juger de la sécheresse, du vide de pensées et de mouvement d'un poëme assez estimé chez les Grecs modernes [1].

Après que le poëte a rappelé le mauvais succès des entreprises de Pierre I.er contre les Turcs, il en vient au projet de Catherine de renouveler les mêmes tentatives.

« Et ce que jadis son ayeul ne put venir « à bout d'exécuter, elle veut avec l'aide « de Dieu le mettre plus heureusement à « fin. Elle communique son projet au sénat, « elle veut qu'il en soit instruit, et fait en- « tendre sa pensée impériale à ce conseil « assemblé. Tous s'en réjouissent et en té- « moignent leur satisfaction, et tous font « à-la-fois retentir la salle de leur appro- « bation ; ils lui souhaitent une longue vie, « applaudissent à ce qu'elle a résolu, et pro-

[1] La mesure du vers grec a été conservée dans l'ouvrage allemand, mais pouvait d'autant moins l'être en français, qu'elle excède de beaucoup celle de notre aléxandrin. (*Note du traducteur.*)

« mettent de suivre l'étendard de la croix, « de la sainte croix de Jésus-Christ, et de « dompter enfin cet ennemi de la foi. » Cela résolu, il restait à calculer les moyens de s'assurer la supériorité sur les infidèles. « Je ne veux pas les combattre par terre, « ils pourraient nous résister ; bien qu'un « camp nombreux soit rassemblé à Cho- « tim. » On équipe les vaisseaux, on les arme en guerre, et c'est sur la mer que l'on veut triompher de l'ennemi. « En con- « séquence elle donne l'ordre de préparer « sur-le-champ la flotte, afin qu'elle puisse « combattre le sultan dans l'Archipel, dé- « livrer enfin par là les peuples chrétiens, « et disperser et anéantir les ennemis de la « foi. Alors elle nomme Orlof, le comte « Alexis, que chacun reconnaît pour le « premier de la cour après l'impératrice. « Il doit être revêtu du titre de généra- « lissime, et, muni des pouvoirs les plus « étendus, jouir en même-tems des plus « grands honneurs, tant sur terre que sur « mer. C'était un homme plein de sagesse « et qui n'avait pas son pareil dans les ar- « mes, un second Alexandre, nullement à « comparer à Darius. Grégoire Spiridof

« doit l'accompagner comme amiral, et « diriger sous lui la marche de la flotte; « homme dont les soins s'étendent à tout, « non moins habile que vaillant, rempli de « grandeur d'ame, de clémence et de cou- « rage, à la grande gloire de la Russie; et « jusque-là personne ne croyait que cela « aurait lieu et qu'on verrait la flotte russe « entrer en guerre. Ni les Turcs ni les « Grecs ne pénètrent ce projet, ni même « les Européens, car tout le monde sou- « tenait le contraire; jusqu'à ce qu'elle « parut enfin, par la grace de Dieu, cette « flotte redoutable, et qu'elle arriva par « une prompte navigation dans le port de « Maina où elle jeta l'ancre. Alors la vérité « devint évidente, le mensonge fut réduit « au silence, et tous ceux qui avaient traité « cela de fable furent remplis de confu- « sion, etc. »

Après avoir décrit ensuite les préparatifs que les Turcs font de leur côté, calculé les opérations ultérieures, et rapporté les marches et contre-marches des escadres respectives, le poëte arrive au moment où elles sont en présence l'une de l'autre, et montre l'amiral Spiridof recommandant son fils à Orlof, pour le cas où lui-même viendrait à périr dans le combat; puis il continue :

« Spiridof se prépare, donne le signal « de l'attaque, et marche contre l'ennemi « avec une audace sans égale. Dès qu'il est « à portée de l'escadre turque, il ordonne « à une frégate d'entamer le combat avec « le vaisseau amiral de l'ennemi, et de lui « envoyer toute sa bordée. Mais celle-ci « n'ayant pu s'assurer l'avantage, il s'a-« vance bouillant de colère avec son pro-« pre vaisseau, et c'est alors que la foudre « éclate et que Spiridof fait feu de toutes « ses batteries, ce qui seme l'épouvante et « la consternation parmi les Turcs. »

Maintenant les deux vaisseaux s'abordent et prennent feu.

« Alors on entend Spiridof, plein de « courage, ordonner d'une voix de ton-« nerre qu'on mette sur-le-champ en mer « la chaloupe du vaisseau, afin qu'il y « monte et se sauve par la fuite; il veut « aussi soustraire au trépas le comte Théo-« dore, car celui-ci était frère du comte « Alexis qu'on avait revêtu d'un plein pou-« voir, de ce haut et puissant comte, » etc.

L'auteur annonce encore à ses lecteurs, en finissant, que pour ne pas s'attirer de persécutions de la part des Turcs, il ne fera pas connaître son nom, mais il le donne à deviner dans un logogriphe, de même qu'il découvre dans un acrostiche celui de son père, Jovenalis. Le tout se termine par un grand nombre d'invocations au Père, au Fils, au Saint-Esprit, à la Mère et à tous les Mystères.

Le poëme sur la conquête de la Morée, est peut-être plus misérable encore. Il parut à Venise en 1803, de l'imprimerie de Nicolas Glyky. Le poëte se nomme Manthos Jean de Joanina. Je n'ai pas voulu perdre mon tems à en extraire des échantillons.

Mais une production tout-à-fait particulière de la poésie grecque moderne, c'est une tragédie en cinq actes et en vers, intitulée *Erophile*, qui parut également à Venise en 1772. L'auteur, George Chortatzy, de l'île de Crète, a jugé à propos de publier, dans son propre dialecte, ce chef-d'œuvre, où l'on verra que le sang n'a pas été épargné. L'imprimeur explique à ce sujet, dans un avertissement préliminaire, que le dialecte crétois a été conservé, parce qu'autant, à l'aide de ce langage, la pièce a de douceur et d'harmonie, autant elle serait dure et rebutante dans tout autre dialecte grec moderne. Il ne doute pas que tous les amis des sciences, mais sur-tout les Crétois, ne s'empressent d'en faire l'acquisition.

Pour moi, j'avoue que de tous les dialectes de la langue grecque moderne, celui-là m'a paru précisément le plus dégénéré et le plus dissonant, et que ce n'est pas sans quelque peine que je suis parvenu à une pleine intelligence de cette tragédie.

L'auteur, comme on le verra par l'exposé qui va suivre, a conservé les chœurs de l'ancienne scène grecque, ainsi que l'idée de cette fatalité qui préside à tout, et qui se plaît à précipiter au plus profond de l'abyme, ce qui était élevé au plus haut faîte des grandeurs.

Philogonos, roi de Memphis ou d'Egypte, a assassiné, pour parvenir au trône, son frère aîné, qui l'occupait avant lui, ainsi que les deux fils de ce frère. La veuve de sa victime est devenue son épouse, et lui a donné une fille unique, Erophile. On apprend tout cela dans la quatrième scène du troisième acte, où l'ombre du frère apparaît et dévoile l'odieux mystère dans un long monologue; ajoutant que Jupiter veut enfin sévir contre le monstre, et que c'est ce qui lui a valu la faveur de quitter le sombre manoir de Pluton et de revoir la lumière du jour. Voilà bien le spectateur préparé à une catastrophe très-prochaine; mais le roi de Memphis n'en a pas le plus léger soupçon. Il paraît, tout au contraire, pour s'extasier sur son bonheur et s'applaudir du succès de ses crimes. Un seul soin l'occupe encore sur la terre, c'est le mariage de sa fille; soin qui ne tardera pas également à être levé, puisqu'il est sur le point de l'établir très-avantageusement. Là-dessus l'esprit, qui est invisible aux yeux du tyran, éclate en imprécations, et somme Pluton et les enfers d'accélérer la vengeance qu'ils lui ont promise. Le chœur des furies termine l'acte.

Cependant voici de quelle manière la perte de Philogonos est amenée : Panarétos, fils d'un roi détrôné et massacré, a été transporté dans sa tendre enfance, et sans que son origine fût connue, dans la maison de Philogonos, qui l'a fait élever avec Erophile. Le jeune prince se distingue; et le roi, pour récompenser sa valeur et ses services, l'élève aux plus hautes dignités, et le met à la tête de son armée triomphante; mais Panarétos, épris d'Erophile, la détermine à l'épouser secrètement.

Le roi vient à l'apprendre; et furieux de l'ingratitude du jeune prince, ainsi que d'une mésalliance qui déjoue tous ses plans, il lui fait trancher la tête, arracher le cœur et les yeux, et couper les deux mains; et mettant le tout dans un bassin couvert, il l'offre lui-même en présent à sa fille, dont il a pris soin d'écarter tous les soupçons. A cet aspect imprévu, Erophile, emportée par sa douleur, saisit un couteau qui se trouve également dans le bassin, et se le plonge dans le cœur.

Cet horrible spectacle excite les lamentations de tout le palais, ainsi que du chœur, qui se compose de jeunes filles et de femmes-de-chambre, ayant à leur tête la nourrice de la princesse. Le roi reparaît alors sur la scène, et les jeunes filles se jettent à ses pieds, comme pour implorer sa clémence; mais saisissant un instant favorable, elles se précipitent sur lui et le mettent en pièces. Maintenant que l'ombre du frère est appaisée, elle apparaît de nouveau, témoigne sa satisfaction aux femmes, et leur apprend qu'elles n'ont été que les instrumens du destin vengeur.

Le tout est-il de la propre invention du poëte, ou le sujet en est-il tiré de la nouvelle connue de Boccace, c'est ce que j'ignore; mais du moins est-il certain que l'auteur a mis à contribution la littérature italienne, et il nous en donne la preuve dans l'intermède qui remplit tous les entr'actes, afin que la scène ne reste jamais vide, et qui représente l'histoire de Renaud et d'Armide, ainsi que la reddition de Jérusalem à Godefroi de Bouillon, en quoi il a suivi le Tasse. Il y a même des passages qui sont littéralement traduits de l'italien, comme, par exemple, ce morceau connu du premier chant de l'Arioste : « *La vir-* « *gine è simile alla rosa,* » que l'on a adapté ici.

Rien de plus misérable que la diction de cette tragédie; rien de plus trivial et de plus traînant que les pensées. Quoique la scène dans laquelle un confident fait le récit de l'horrible fin de Panarétos, soit destinée à inspirer la terreur, les détails en sont si rebutans qu'elle n'inspire que le dégoût. Quiconque, en un mot, se donnera la peine de lire cette production, sera beaucoup plus tenté de la prendre pour la satyre ou la parodie de quelque tragédie, que pour une tragédie même que le poëte ait eu sérieusement l'intention de composer; ce qui pourtant est de toute réalité.

J'ajouterai encore deux passages qui donneront une idée de la noblesse de l'intermède. Après qu'Armide a fait transporter Renaud dans son palais, et a déjà ordonné plusieurs fêtes pour célébrer sa bien-venue, ses nymphes présentent au héros des rafraîchissemens, et l'enchanteresse lui dit :

Statin ty strata ty mattra, thes n'achis dipsas mena
Kai piè kampos', afendimu, omadi met' eména
Drossérepsai ta chili su. — RENAUD. *Perissia dipsasmenos*
Mà tyn àlithia vriskomai, kai poly karasménos.

« N'as-tu pas eu soif dans ce long trajet ? O Seigneur,
« on va dans l'instant te présenter à boire ainsi qu'à moi.
« Trempe du moins tes lèvres! » — *RENAUD.* « Je suis
« forcé d'avouer qu'effectivement j'ai grand' soif, et suis
« d'une lassitude extrême. »

A la fin de l'intermède, Soliman recevant Godefroi comme son vainqueur, lui dit :

« Je vois bien que les combats ni les « efforts ne peuvent rien contre toi ; et « puisque le ciel ainsi l'ordonne, je te re- « çois comme un digne vainqueur. Je me « soumets donc et baisse la tête devant toi. « Voici les clefs de la ville. Il y en a deux ; « la plus grande est celle de mon trésor. »

La monotonie du mètre ajoute encore à l'impression désagréable que produit l'ouvrage. Les hymnes, ainsi que la prière par laquelle le chœur termine chaque acte, sont en *terze rime*. Ce chœur est généralement, dans le cours de la pièce, fort édifiant, et ne cesse d'invoquer le destin ou les autres divinités en faveur des héros. Il ne s'oublie que dans la scène où les femmes qui le composent, prenant le caractère des bacchantes d'Euripide, mettent le roi en pièces de leurs propres mains. L'auteur a sur-tout inséré beaucoup de sentences morales sur les vicissitudes de la fortune ; et Caron, qui déclame le prologue, en sa qualité de nautonier des enfers et de symbole du tems, s'étend très-longuement sur ce chapitre, et raconte comment il ne cesse d'anéantir

tout ce qui a ébloui le monde par sa grandeur et sa magnificence. Au reste, il avertit les spectateurs de ne pas s'effrayer de son arrivée ; car ce n'est ni contr'eux ni contre leurs familles que Jupiter, dont il doit exécuter les décrets, l'a envoyé sur la terre ; au contraire, joie, santé, richesses et honneurs leur sont réservés ; mais avant la fin du jour il aura anéanti le roi, sa fille et un prince qui brûle d'amour pour elle. Ainsi ils doivent se préparer seulement au deuil et aux larmes, et à gémir sur le sort de *leurs souverains*. Et il ajoute qu'il dit avec intention *leurs souverains ;* « car imagi-
« nez-vous que vous n'êtes plus en Crète,
« c'est à Memphis que la scène se passe. »

Les dixième et onzième siècles furent une époque presque absolue de ténèbres pour la littérature grecque. Le douzième fut à la vérité un peu plus favorable aux Muses ; mais le goût s'était éteint. On fit des vers qu'on nomma *Politici*, de Polis, (ville). C'est ainsi qu'on donne encore le nom d'*apo tin polin*, de la ville, aux chansons qui, du fanal et de Constantinople, se répandent dans la Grèce. Elles roulent presque toutes sur l'amour ; mais l'expression en est maniérée, et il est bien rare que le sentiment s'y peigne avec vérité. Plus elles ont de recherche d'esprit, de jeu de mots et de traits bizarres, mieux elles sont accueillies.

Il y en a une, par exemple, qui est très-estimée et dont voici le titre :

« Chanson d'un beau jeune homme, no-
« ble et distingué, qui, apercevant un jour
« par hasard dans un jardin une jeune fille
« d'une incomparable beauté, s'enflamma
« pour elle de la plus violente passion. Il
« employa tout pour en obtenir du retour ;
« mais ne pouvant s'en assurer, il tomba
« dans une mélancolie profonde ; et en
« proie à sa douleur, flottant entre la crainte
« et l'espérance, au milieu d'une mer agi-
« tée, il composa ces vers, où l'ame, le
« cœur et la poitrine entrent en explication
« et en dispute l'un avec l'autre. »

C'est effectivement un dialogue entre ces trois interlocuteurs ; l'ame, qui la première a la parole, demande au cœur ce qui depuis quelque tems l'agite et l'oppresse, lui reproche son silence, l'engage à lui confier ses peines et à se livrer à quelque distraction, plutôt que de nourrir, comme il fait avec dessein, un désespoir auquel il finira par succomber. Le cœur lui répond qu'au lieu de soulager ses peines, les reproches qu'elle lui adresse ne font bien plutôt que les aggraver. Qu'il n'ignore pas qu'elle partage toutes ses impressions, la nature l'ayant ainsi voulu; qu'elle se réjouit de ses plaisirs, comme elle souffre de ses tourmens; mais qu'enfin il n'existe plus pour lui de joie ni de repos, et que, percé de mille flèches, il est prêt à mourir de ses douloureuses blessures.

L'ame insiste et lui allègue que rien n'est plus commun que les souffrances qu'il endure; mais que d'autres savent les supporter avec plus de courage, et que ce sont ceux-là qu'il doit prendre pour modèles. A cela le cœur lui répond que peut-être il pourrait supporter les flammes qui le brûlent et les flèches qui le déchirent; mais que ce qui met le comble à son désespoir, c'est de se voir abandonné par sa propre poitrine, qui lui sert d'enveloppe, qui devrait être pour lui un bouclier protecteur, et qui cependant ne veut ni le sauver du péril qui le menace, ni même lui témoigner la moindre pitié.

L'ame s'adresse alors à la poitrine, lui demande si elle a entendu les griefs que le cœur a contr'elle, et lui reproche cette barbarie avec laquelle elle ajoute à des peines qu'elle devrait bien plutôt s'efforcer d'adoucir. Mais, d'accusée qu'elle est, la poitrine se change en accusatrice. C'est le cœur lui-même qui s'est soustrait à sa protection, qui a repoussé tous ses secours. Elle a émoussé la pointe des flèches qui venaient le percer ; mais il dédaigne tous les soulagemens, et ne se plaît qu'à se lamenter et à gémir. Il ne veut pas dompter la violence de sa flamme, « et bientôt je ne « serai plus qu'une cheminée. » Elle finit par prendre l'ame pour juge : « Si j'ai péché, « punissez-moi ; sinon, rendez-moi jus- « tice. »

L'ame se rend à de si bonnes raisons, reproche au cœur son ingratitude, de calomnier celle à qui il a tant d'obligations, et lui déclare que désormais il a perdu sa confiance, puisqu'il impute aux autres les torts dont lui seul est coupable. Le pauvre cœur trouve ce jugement bien rigoureux, et croit mériter plus d'indulgence, puisqu'il n'a fait après tout que ce que font tous les malheureux qui, pour se soustraire à leur infortune, se plaisent à la faire partager aux autres. Il finit par proposer un raccommodement entre les trois parties, qui, plus unies, et s'entendant mieux, trouveront un peu plus de repos.

Ce beau jeune homme se nommait Chelebi Georgaki, fils de Chelebi Antonio de Constantinople ; et la dame en l'honneur de qui ces vers ont été composés, Helenitza Chormusaki. Ce n'est pas que la belle fut insensible à tant d'amour, mais pendant long-tems elle n'avait pu trouver l'occasion de faire connaître ses sentimens. Enfin elle se déclara par la chanson suivante :

« Il ne m'est pas permis de te dire tout « ce que mon cœur endure, mais du moins « que mes soupirs témoignent de la profon- « deur de mes blessures! Ah ! ils peuvent « bien, sans le secours des paroles, servir « de langage à la passion, et ton aspect « chéri peut seul guérir mes douleurs. Con- « tinue seulement à lancer sur moi les « rayons d'espérance qui partent de tes « yeux, et mille tourmens anciens, mille « douleurs nouvelles se dissiperont. Tu es

« toi-même le médecin et le remède ;
« pourvu que tu le veuilles sérieusement,
« et d'un seul de tes regards tu peux me
« rendre la vie. Mais ne connaissant pas
« encore la cause de mes souffrances, tu
« ne pouvais verser de baume sur mes
« plaies. Que n'interroges-tu seulement tes
« yeux? tu ne tarderas pas à compren-
« dre comment ils lancent tant de flèches
« qui me déchirent le cœur. C'est pour
« t'annoncer cette vérité, c'est dans l'es-
« poir de parvenir à te la faire connaître,
« que j'ai pris soin jusqu'à ce moment
« d'entretenir et de conserver ma vie.
« Puisses-tu voir ce qui se passe en moi, et
« pénétrer la cause de mes maux, et je ne
« me plaindrai plus de ce qui me fait des-
« cendre chez les morts. »

Au reste, je ne prétends pas que dans le grand nombre de chansons et de poésies grecques modernes, il ne s'en trouve de tems en tems où respire une sensibilité plus vraie. Telle m'a paru la complainte suivante sur la légèreté d'une amante, que l'amant lui débite avec calme, sans amertume, et d'un ton même qui a quelque chose de caressant :

AIR EUROPÉEN.

« Enfin je l'ai compris, et l'évidence « a passé dans mon ame : elle n'était donc « que passagère, cette tendresse que tu « m'avais tant vantée ; maintenant je lis « dans ta pensée, et ta manière d'être m'est « connue ; mais n'attends pas que je la sup- « porte plus long-tems ; je ne le puis, cela « m'est trop pénible. Ce que tu promets « aujourd'hui sur la foi des sermens, de- « main déjà tes actions l'ont démenti. « Crois-moi, ô lumière de mes yeux, cette « conduite est criminelle, bien que tu ne « t'en fasses qu'un jeu. Il te sied mal d'en- « tretenir ainsi des espérances dans plu- « sieurs cœurs ; personne ne se fiera plus « à toi ; et dis-moi : à quoi donc cela t'aura- « t-il menée ? Laisse ton cœur à un seul ; « dirige-le vers un seul amant ! Mais non, « sans cesse et sans repos, il doit errer dans « tout l'univers ! Et ne vois-tu pas que tu « détruis toi-même ton propre plan. Fais-y « réflexion, prends un parti convenable, « et suis-le avec fermeté. Tu ne dois faire « le bonheur que d'un seul, tu ne saurais

« vouer ta fidélité qu'à un seul, si tu veux « passer des jours heureux et exempts « d'orage. »

Ils mettent aussi quelquefois la morale en chansons, pensant qu'elle aura plus d'accès, revêtue d'une forme plus agréable. Les Grecs ont aimé de tout tems les maximes et les sentences morales; mais toujours ils ont exigé qu'elles leur fussent transmises par la bouche de leurs poëtes.

Voici quelques maximes, sinon de morale, comme il sera facile de s'en convaincre, du moins de prudence des Grecs modernes :

AIR (HITZOS).

« Tu vois comme les couleurs variées du « ciel viennent se représenter fidèlement « avec les mêmes variations dans la mer. « Veux-tu vivre en repos ici-bas, mets « cette sage leçon à profit: Sois toujours « disposé à souscrire aux opinions des au- « tres; ne t'imagine pas que ce soit un « crime de nommer jour la nuit; du mo- « ment que cela t'est utile, dissimule com- « plaisamment ton opinion, et dis, s'il le

« faut, à celui à qui cela peut plaire, que « rien n'est plus amer que le miel. C'est là « un des plus sûrs moyens d'être heureux. « Mais que si quelqu'un hait la dissimula- « tion et le mensonge, et s'entête à soute- « nir la vérité, j'ai un conseil bien sage à « lui donner : qu'il creuse son tombeau et « couse son linceul ; jusque-là il n'aura « point de repos. »

Le morceau suivant, sur un air de Hassan, est de Janakitza, boyard de Valachie, et contient une exhortation à l'homme de ne jamais désespérer de la fortune.

« Je suis ballotté çà et là sur une mer « orageuse, exposé au courroux des flots « qui s'élancent sur moi tout en feu ; s'en- « tassant comme des montagnes, les va- « gues écumantes s'élèvent jusqu'à la voûte « des cieux. Au milieu du sifflement des « tempêtes, au milieu de ce bruit qui porte « l'effroi dans mon ame, je vois les nuages « s'épaissir, de profondes ténèbres enve- « loppent toute la nature ; ma voilure ne « résiste plus, le danger croît à chaque « instant ; je vois ma barque prête à se « dissoudre, et d'aucun côté la terre ne

« s'offre à mes regards. Cette nuit d'alar-« mes et d'horreur anéantit toutes mes « espérances, et je ne sais plus de quel côté « me diriger. L'esprit qui habite en moi « est hors d'état de me soutenir. Eperdu « lui-même, il tremble devant les abymes « qu'il voit entr'ouverts. Au milieu de ce « tumulte, puis-je même penser à des « moyens de salut? Sans pilote au milieu « de la tempête, puis-je encore compter « sur un libérateur? « Oui, à l'instant même « où tout semble perdu pour toi, et où tu « te figures qu'il ne te reste plus qu'à t'a-« bandonner au désespoir, peut-être que « le destin travaille à préparer ta déli-« vrance. »

Ces Grecs de l'Etolie et de l'Acarnanie, auxquels on a donné le nom d'Armatolini, et qui s'engagent comme partisans au service militaire des différens agas de l'Albanie, ont également leurs chants guerriers; et les Albanais ont aussi leurs chansons nationales, dont la plus renommée est celle qui décrit les exploits d'Alexandre-le-Grand, et dont on a une traduction grecque. Elle est très-ancienne, et on ne doit pas la confondre avec une autre sur le même sujet, publiée chez Glyky à Venise, en 1794.

Pour terminer ces échantillons de la poésie grecque moderne, je veux citer encore une ballade, dont le sujet, ainsi que la manière dont il est traité, me semblent tout-à-fait dans l'esprit de ce genre. Le fonds n'en est-il pas tiré de quelque nouvelle ou romance, soit arabe, soit italienne, soit espagnole, c'est ce que je ne hasarderai pas de décider; mais du moins je n'ai rien trouvé qui m'autorisât à le conclure, et tout me porte, au contraire, à la considérer comme originale. Il se peut aussi qu'elle soit tirée de ces chansons nationales illyriennes (*popievke*), dont le genre a beaucoup de rapport avec celui-ci. Quoi qu'il en soit, on ne sera peut-être pas fâché de savoir où et à quelle occasion je l'ai entendue.

Les pêcheries du voisinage de Salahora, la meilleure échelle de toute la côte septentrionale du golfe d'Arta, autrefois d'Ambrakia, sont les plus abondantes de tout le golfe; elles sont affermées par le pacha de Janina à une compagnie, pour la somme annuelle de 150,000 piastres. On y fabrique d'excellente boutargue, dont il se fait une assez grande exportation [1].

Je faisais avec M. Génovelli, un des principaux fermiers, le trajet de Prévèse jusqu'à ces pêcheries, distantes de Salahora d'environ une lieue. Nous abordâmes à ce dernier endroit; mais seulement pour nous munir d'un rôti pour le soir. On y met des troupeaux de cochons à l'engrais; mais ils sont devenus si sauvages par la liberté constante dont ils jouissent, qu'il est assez difficile de s'en approcher; de sorte que pour nous épargner la peine de cette chasse, nos rameurs, après que nous eûmes fait notre marché avec les propriétaires, en tuèrent un jeune d'un coup de fusil, et

[1] L'on peut voir par un passage de Plutarque, extrait de son quatrième livre des *Entretiens de table*, quel cas les anciens faisaient déjà du poisson de cette contrée. On agitait la question : Lequel de la terre ou de la mer fournissait les mets les plus délicats? Et Polycrates somme Symmachus de donner sa voix en faveur de la mer. « Et quoi, » lui dit-il, « toi, véritable animal marin, élevé dans les « nombreuses baies qui entourent la ville de Nicopo-« lis, ne veux-tu donc pas sauver l'honneur de Nep-« tune? »

nous le prîmes avec nous dans la chaloupe, pour le faire rôtir le soir dans la colonie de pêcheurs. L'établissement consiste en plusieurs cabanes de roseaux et de joncs, bâties sur des pieux enfoncés dans la mer. On y est fort bien garanti de l'humidité et du froid; mais elles ne servent proprement que pour y passer la nuit, et seraient trop étroites pour qu'on les occupât pendant la journée. Ils ont en outre de plus grands bâtimens en bois, comme des magasins et des cuisines. Le nombre des pêcheurs peut bien se monter à une cinquantaine. Comme ils ne se tiennent ici qu'une partie de l'année, ils n'y mènent jamais leurs femmes.

La colonie est située sur une île tout-à-fait plate, et s'élevant à peine d'un demi-pied au-dessus de la surface de la mer. Celle-ci est elle-même extrêmement basse, et l'on ne peut y naviguer que dans des *monoxyles*, petites nacelles, qui souvent ne consistent que dans un tronc d'arbre creusé, et si légères qu'elles chavireraient au moindre choc. La quille en est tout-à-fait arrondie, et ne saurait fendre le flot. Au lieu de rames, on la dirige avec une perche.

C'était un 14 novembre. La soirée était extrêmement douce, le coup-d'œil agréable et d'un effet particulier. On voyait sur une petite île voisine une église entourée d'arbres ; des milliers d'oies et de canards sauvages, de plongeons et d'alcyons, animaient l'aspect de la mer.

Après que nous eûmes visité les réservoirs, nous nous rendîmes à la cuisine, qui servait de salle d'assemblée. Une marmite monstrueuse, contenant quarante à cinquante livres de poisson, pendait au-dessus du feu, et préparait une soupe des plus succulentes. D'autres poissons diversement accommodés servirent d'accompagnement à notre cochon rôti à la broche. Nous avions pour compagnons de table, un caloyer que M. Génovelli avait amené, un patron de barque, et les plus anciens d'entre les maîtres pêcheurs. Le souper fini, une cruche de vin, portée par un jeune garçon, fit le tour de la table ; mais il n'y avait qu'un verre pour toute la société. Chacun, en le recevant, portait une santé, ou récitait quelques couplets, à la façon des scolies ou chansons de table des anciens, et dont quelques-uns étaient pleins de sens. Un vieux maître pêcheur se distinguait sur-tout par des saillies très-comiques, qui allaient toujours s'aiguisant à chaque verre qu'il vidait de plus. M. Génovelli remarquant le plaisir que j'y prenais, me dit que maître André savait aussi de très-jolies chansons, dont il nous régalerait volontiers. Le vieillard ne se fit pas long-tems prier, et chanta d'une voix rauque et couverte un morceau du poëme que j'ai cité sur la bataille de Tschesme, une complainte sur un prince russe mort à Zante, et auquel on avait fait des obsèques très-solemnelles, et enfin la ballade en question, dont quelques vers se répétaient plusieurs fois, comme dans la plupart des chansons populaires.

BALLADE GRECQUE MODERNE.

« Mavrogène était assis au banquet royal, « et prenait part à la joie du festin. Quatre « cents grands de l'Empire et des milliers « du peuple formaient la bande des joyeux « convives. Le vin répandait la gaîté, la « gaîté éclatait en chants. Mais enfin les « chansons s'épuisèrent et firent place à la « conversation. L'on se mit à gloser et sur

« les belles et sur les laides, et chacun « exalta ce qui lui inspirait le plus de vé- « nération. Ce furent les rares qualités des « femmes que l'on prisa par-dessus tout : « tel vanta la chasteté de sa mère, tel le « mérite de sa belle-mère, et tel autre alla « même jusqu'à célébrer la vertu de son « épouse. Mavrogène ne resta pas en ar- « rière, et ce fut sa gentille sœur dont il « chanta les louanges. Oh ! quelle sœur le « destin m'a donnée ! rien ne peut faire « chanceler sa vertu; ni l'or, ni la parure, « ni les plus riches diamans ne sauraient « émouvoir son cœur. — Le roi entendant « cela, son amour-propre en fut irrité. « — Et que me donneras-tu si je viens à « bout de la séduire ? — Si elle se rend, « ô mon roi, que ma tête roule à tes pieds. « — Il suffit; je te retiens en otage jusqu'à « ce que le jour ait paru. — Là-dessus le « roi tire ses clefs d'or et vole là où son tré- « sor est renfermé. Douze mulets sont « chargés de tout ce qu'ils peuvent porter « de richesses, et il les confie à un de ses « serviteurs. Rends-toi à la demeure de « Mavrogène, et demande à parler à sa « sœur. Incline-toi du plus loin que tu

« l'apercevras ; puis t'avançant plus près, « dis-lui : Je te salue, ô toi image toute res- « plendissante d'or, toi dont la taille s'élève « comme une colonne d'argent, toi qui « as le parfum des violettes ; toi, aimable « oranger, chargé des fruits les plus doux. « Observe-la ensuite adroitement, et sache « quelle impression tu auras produite. « — Voici ces douze mulets ; ils succom- « bent presque sous le poids des richesses « dont ils sont chargés. C'est le roi qui te « les envoie, afin que tu lui deviennes favo- « rable, et que tu récompenses son amour « en le recevant cette nuit. — O messager, « je te salue, et je salue deux fois celui qui « t'envoie. Je reconnais mon frère, et re- « mercie celui qui me met à l'épreuve. « — O la plus belle des femmes ! ce n'est « pas ton frère qui m'envoie ; c'est le roi, « le roi qui ne soupire que pour tes char- « mes. — Eh bien, en ce cas dis au roi que « je l'attends cette nuit. — Là-dessus elle « vole vers sa nourrice et tombe à ses ge- « noux. — O nourrice ! si c'est toi qui m'as « nourrie de ton lait, et s'il est vrai que tu « me sois fidèle, prends mes habits et laisse- « moi me revêtir des tiens ; passe dans mon

« appartement, tandis que je me cacherai « dans ta chambre, et si le roi vient, reçois-« le avec complaisance, et ne t'oppose à « aucune de ses volontés. — Lors donc que « la nuit est venue, le roi se glisse douce-« ment; il ouvre la maison de Mavrogène, « la porte de la belle aux cheveux d'or, « de cette belle enfant au sourcil noir. Il « entre; tout succède à ses vœux, et il nage « dans les plaisirs. Mais avant que le jour « commence à poindre, deux heures avant « le lever du soleil, il se lève, saisit les « cheveux de la belle, et par un mouve-« ment rapide de son poignard, il lui en « coupe une tresse, avec le tissu d'or qui « les entourait; puis séparant de la main le « doigt avec l'anneau dont il est orné, il « vole à la place publique et y convoque « ses sujets : Je vous salue, ô nobles de « mon Empire, mon peuple, je vous salue; « et toi aussi, Mavrogène, je te salue, ainsi « que ta gentille sœur. Je te le dis : tu as « une sœur non moins vertueuse que belle, « qu'aucun présent ne saurait fléchir, que « l'or ni les diamans ne sauraient éblouir... « Et pourtant je l'ai pressée dans mes bras ! « et pourtant je me vante d'avoir goûté ses

« faveurs. — O roi ! donne-moi un témoi-
« gnage de ce que tu avances, s'écrie Ma-
« vrogène en tremblant ; et l'on voit ses
« joues et ses lèvres se couvrir des ombres
« de la mort. Là-dessus le roi ayant pro-
« duit la tresse de cheveux avec son tissu
« d'or, et le doigt avec son anneau, Ma-
« vrogène poussa un profond soupir, et ses
« esprits l'abandonnèrent. Cependant la
« triste nouvelle se répand, et la sœur vi-
« vement émue, se hâte de changer ses
« vêtemens. Elle revêt la parure d'une
« jeune fiancée ; son visage a la splendeur
« du soleil ; son sein a la blancheur de la
« lune ; ses sourcils, noirs comme le plu-
« mage du corbeau, forment une voûte
« majestueuse au-dessus de ses beaux yeux ;
« et ainsi ornée de toute la puissance de
« ses charmes et de tout l'éclat que l'art
« peut ajouter à la nature, elle s'avance,
« légère comme l'hirondelle, sur la grande
« place. — Grands de l'Empire ! et vous,
« peuple, n'arrêtez pas ma course ! et
« pourquoi donc mon frère est-il chargé
« de chaînes ? Pour quel crime a-t-il mé-
« rité la mort ? — Ton frère a téméraire-
« ment cautionné ta vertu sur sa tête, et

« tu t'es livrée au prince, et il se vante « d'avoir goûté tes faveurs. — Et quel té« moignage le prince a-t-il donc produit ? « — Une tresse de tes cheveux dépose « contre toi, cette tresse et le tissu d'or qui « la lie ; et ton doigt avec ton anneau achè« vent de dissiper tous les doutes. — Grands « de l'Empire, et vous, peuple, ouvrez donc « les yeux. Voyez mes mains, y manque« t-il un doigt ? Voyez ma tête, y manque« t-il un cheveu ? C'est à ma servante que « le roi s'est livré, c'est pourquoi il est « devenu mon valet. — Mets donc du pain « dans ta besace et de l'eau dans ta cruche ; « rends-toi avec l'âne dans la forêt, et « coupes-y du bois pour ma provision. » « — Le peuple entendant cela, laisse écla« ter sa colère contre le roi, et se jetant « sur lui avec rage, le met en pièces. Puis « d'une voix unanime, il appelle cette ai« mable fille au trône, et lui met la cou« ronne sur la tête. — Sois la bien-venue « sur ce trône, nous t'y plaçons comme « notre reine ; ce jour sera à jamais au« guste pour nous ; ton action vivra éter« nellement dans notre souvenir. »

Les deux vers : « C'est à ma servante

« que le roi s'est livré, c'est pourquoi il « est devenu mon valet, » ont pour fondement la maxime : « Que celui qui prodigue « ses caresses à une esclave, devient es- « clave lui-même. » Ce qui répond à un proverbe allemand qui dit : « Celui qui « s'accouple avec ma poule, devient mon « coq. » Aussi voit-on, en conséquence, la sœur de Mavrogène imposer sur-le-champ au roi des fonctions serviles. Mavrogène veut dire : barbe noire.

A Naxos, le jour de la saint Jean, où l'on est très-disposé à la gaîté, j'assistai à un jeu assez singulier, et qui donnait lieu à beaucoup d'impromptus. Ce jour-là tout sert de pronostic pour l'année suivante, et voici de quelle manière je vis prononcer ces oracles : Un grand nombre de jeunes filles se rassemblèrent dans un lieu ouvert ; une d'entr'elles tenait sur ses genoux une corbeille contenant des fruits, des fleurs, des rubans et autres bagatelles qu'elles y avaient renfermées d'avance, sans que les jeunes gens, qui arrivèrent plus tard, sussent à qui appartenait chacun des objets. On les tira de la corbeille les uns après les autres, comme au gage touché, et un des jeunes gens devait faire à chaque fois sur l'objet qui paraissait, quelques vers, tantôt flatteurs et tantôt satyriques. Une seconde corbeille vide, tenue par une autre des jeunes filles, recevait les objets à mesure qu'ils avaient passé par cette critique; et lorsque tous l'avaient subie, chacun reprenait sa propriété, et interprétait en secret, le mieux ou le moins mal possible, les vers qui y avaient été appliqués.

J'ai cru que l'on ne serait pas fâché de trouver encore ici quelques-uns des proverbes les plus usités parmi les Grecs modernes, ces maximes populaires étant assez propres à désigner le caractère des nations qui les adoptent; et je mettrai à côté le texte en caractères latins, pour ceux qui seraient bien aise d'avoir une idée de la figure du grec qui se parle aujourd'hui.

Ton akrivon ta stamena
Se charokopon chéria.

Les richesses de l'avare finissent par tomber entre les mains du prodigue.

Apo to kefali vromi to psàri.

C'est par la tête que le poisson commence à sentir mauvais. (Par quoi ils entendent que la corruption des chefs ne tarde pas à gagner les subalternes.)

Y mikros, mikros pandrevsu,
Y mikros kalogerevsu.

Ou marie-toi tant que tu es jeune, ou résous-toi dès ta jeunesse à te faire moine.

Ti thes ta chilia perpera, kai kakaïdy gynéka;
Ta chilia perpera petun; ké y kakaïdy apoméni.

A quoi te servent mille écus, si tu les reçois avec une femme laide? l'argent s'en va, et la laide te reste.

O vasilias logarin echi; ké an tu dosun, ké alto théli.

L'empereur a beau avoir beaucoup d'or, qu'on lui en donne plus, et il le prendra.

Ta strava, mas parathyria; ta chrysa floria ta siasoun.

Des fenêtres qui se sont déjetées se redressent avec des sequins.

Tys niktas ta kamòmata, ta vieni mera ké gela.

Ce qu'on a tissu mystérieusement pendant la nuit, provoque souvent le rire en paraissant au jour. (Il y a des mystères qui ne cachent pas grand'chose.)

Ap' angathi vieni rodon, kai apo rodon vieni angathi.

De l'épine croît la rose, et de la rose croît de nouveau l'épine.

Tyn ymeran, den ivlepis

Ke' tyn nykta kuskutevis.

Tu y vois à peine pendant le jour, et tu veux faire des expéditions pendant la nuit.

Kufo kampana an lalis, stravon hé an thymiatisis, ké methysmenon ké an kernas, ola chïaména ta echis.

Sonner la cloche pour les sourds, vouloir réjouir l'aveugle par l'aspect de la fumée de l'encens, et verser à boire à ceux qui sont ivres, c'est perdre son tems.

Ekatzy y pompy sto diava, ka anag ela tys diavatas.

La médisance s'asseoit sur la grande route, et se moque de tous ceux qui passent.

Me ta katon styn filakin, kai me ta chilia messa.

Pour cent, on te met en prison, et que t'arrive-t-il de plus pour mille ?

Ta kernas, kernas, ké ta chrosta pleronis ?

Tu donnes et ne cesses de donner, paieras-tu enfin tes dettes ?

Akisi o enas ja katon, k'ekaton ja ena.

Un seul en vaut souvent plus de cent, tandis que cent n'en valent pas un seul.

Y xeny egnya gyra ton skyllon.

Le chien vieillit à veiller sur le bien d'autrui.

Epersy ekay ke féto emyrise.

Il *y* a eu un incendie l'année dernière, et on le sent encore cette année.

Kathise strava, ké krine issia.

Sois assis de travers quand tu sièges, pourvu seulement que ton jugement soit droit.

Aspri kota stin aylyn su, ké genisy my genisy.

Si tu ne mets de prix qu'à avoir une poule blanche dans ta basse cour, ne regarde plus si elle pond ou ne pond pas. (Celui qui, dans le choix d'une femme a principalement la beauté en vue, doit passer légèrement sur les autres qualités.)

O diavolos jidia den yche, che tyri epoulie.

Le diable n'avait pas de chèvres, et vendait cependant du fromage. (On entreprend souvent des choses auxquelles on n'entend rien.)

Op' echi provata echita, ké opu ta vosky trogita.

Celui qui a des brebis peut bien s'en nommer le possesseur, mais c'est celui qui les mène paître qui les mange. (Ne confie pas tes affaires à des mains étrangéres.)

Dyo gaidarï n'emalonan ïs ton xenon achyrona.

Deux ânes se battirent pour la litière du troisième.

Ud ajiu keri myn taxis, onde pediu mikru kulùra.

Ne promets ni cierge au saint, ni bombons à l'enfant.

Filon dokimasmenon, osan ton dokymusys apo makran chérétaton, ké kakia myn tu piasis.

Si un ami que tu as mis à l'épreuve y a succombé, salue-le poliment de loin, afin qu'il ne te fasse point de mal.

Y zitra, dotra den ginete.

La preneuse ne devient point donneuse.

Me ton dikon su fae ké pié, ké pragmatyan myn kamis.

Bois et mange avec tes parens, mais ne t'engage avec eux dans aucune affaire.

Me ton kaliteron su fae ké pié, ké nystikos asiko.

Celui qui boit et mange avec des grands, court risque de se lever de table avec faim.

Y nymphy sta petheriaka, dichos gambron ti thely?

Qu'est-ce que la future a à faire chez la belle-mère, quand le prétendu n'y est pas? (Ne va pas là où tu n'as rien à chercher.)

Allu ta karkarismata, kai allu genun y kotés.

La poule va crier en une place et pondre dans l'autre. (L'apparence trompe.)

Ton kalomatimenon ta paidia, lychudika myn kraxis.

N'appelle pas friands les enfans élevés dans l'abondance.

Alla ta matia tu lagu, ké alla tys kukavajias.

Les yeux du lièvre sont autres que ceux de la chouette.

To kalo arni, vizani dyo manades to kako ute tyn mannan tu.

Le bon agneau trouve deux mères pour le nourrir, le mauvais ne l'est pas par la sienne propre.

Lagos pipérin étrive, kakon tys kefalistu.

Le lièvre pila lui-même le poivre qui lui coûta la vie.

Op' echi poly pipéri, vani ké ys ta lachana.

Celui qui a trop de poivre, en épice jusqu'à son charbon.

Pesto, pesto to kopéli
Ekame tyn gryan ké théli.

Que l'enfant persiste à demander, et les parens finiront par lui accorder.

Stravos veloni eggreve, messa ston achirona ké o.
Kutzochéras epleke kalathi nan to vali.

L'aveugle cherchait une aiguille dans du foin, et celui qui est perclus des deux mains faisait une corbeille pour l'y mettre.

Alla paschy o gaïdaros, ké alla evryskusi.

L'âne trouve toute autre chose que ce qu'il cherche.

Psara myn piasys synteknon, ké filon makellari,
Ké kipuro adelfopyton, mat'yn k'ytris gaïdari.

Ne prends pas le pêcheur pour compère, ni le

boucher pour ami, et ne fraternise pas avec le jardinier, car tous trois sont des ânes.

Opa fty ton uranon, fty ta mutratu.
Cracher contre le ciel, c'est se cracher au visage.

Eglykathy y grya ta syka,
Ké oly mératt' anazyta.
La vieille a trouvé les figues douces, maintenant elle en cherche toute la journée.

Ston amartolon tyn choran, krytis adikos kathisi.
Dans la ville des pêcheurs, l'impie est magistrat.

Otan su legun pos methas, vasta ton tychon pygene.
Si l'on te dit que tu es ivre, appuye-toi en marchant contre la muraille. (Cède à l'opinion).

Y nykta vieni piscopon ky avgy métropolityn.
La nuit fait un évêque, le matin un archevêque.

Amathos vraky néforie.
Kathe patima to dorie.
Celui qui met des culottes pour la première fois, s'arrête à chaque pas pour les admirer.

Otan to spyti, tu gitonos su kaïté pantecho ké to dikon su.
Quand le feu est à la maison de ton voisin, la tienne est en danger.

Y polly karavokiri pnigun to karavi.
Le vaisseau peut périr pour avoir trop de pilotes.

Y kaly ymera apo tin avgyn dichny.
Un beau jour s'annonce dès le matin.

Apo kakon chreosyleti, ké sakki achira.
D'un mauvais payeur prends un sac de paille.

Kallion to simerinon àvgon para y avriny kota.
Il vaut mieux avoir l'œuf aujourd'hui, que la poule demain.

Opou akus polla kerasia, vastene mikro kalathi.
Si tu entends dire qu'il y a quelque part une grande abondance de cerises, tu n'as besoin de prendre avec toi qu'un petit panier.

Apo chili vieni logos, ké ys chilius katavteny.
La parole qui sort d'une bouche, est bientôt répandue par mille autres.

Xasteros uranos, astraptyn myn fovasas.
Quand le ciel est serein, ne crains pas la foudre.

Opon troji linokokki; troji to pokamisson tu.
C'est manger ses chemises que de consommer sa graine en lin.

Tyn xenin gnomyn agrikatin, ké tyn dikyn su kraty.
K'ekinin opu s'ofela, me tavtine perpaty.
Ecoute l'opinion des autres, mais ne renonce pas pour cela à la tienne, et fais ensuite ce que tu jugeras le plus utile.

Paléos echthros, filos den gineté.
Un ancien ennemi ne devient jamais un ami.

Vasili tima ton papa, ké sy papa eche gnosin.

Basile, honore ton père; et toi, père de Basile, observe-toi.

Tu kleptu ké t'adynastu, kathenas tus chrostay.

Chacun est débiteur du brigand et de celui qui a la force en main.

Ton skyllon kame synteknon, ké to ravdi su vasta.

Tâche de gagner le chien par des caresses, mais ne dépose pas ton bâton.

Kathe psevtys echy ké ton martyraton.

Il n'y a pas de menteur qui ne trouve quelqu'un qui témoigne pour lui.

Kathu grya ké apomène, na kamo yon, na se pandrevso.

Patiente, ma bonne vieille; j'aurai un fils et tu l'épouseras.

Pathos yné yatros.

La souffrance est un bon médecin.

Ti thes to chryso vatzeli, ké na ftys to éme messa.

Que sert d'avoir une cuvette d'or, pour y cracher du sang.

To megalo psari troji to mikro.

Les gros poissons avalent les petits.

Ta dika su ambelia fraze, ké ta xéna myn gryevis.

Soigne bien ta vigne, tu n'auras pas besoin d'envier celle de ton voisin.

Opyos kay to zesto, fisay ké to kryno.
Celui qui s'est brûlé en mangeant trop chaud, souffle même sur un morceau froid.

Oponné ap' exo tu choru, polla tragudia xevry.
Celui qui n'est pas de la danse, sait toujours assez de chansons.

Myn rotyxis ton yatron, monon rota ton pathon.
Ne consulte pas le médecin, mais celui qui a été malade.

Argyro to milyma, chrysò to sopa.
Si tu gagnes de l'argent à parler, tu gagnes de l'or à te taire.

Lorsque je considère où en sont aujourd'hui les arts et les sciences, où en sont toutes les branches de la culture sociale dans la Grèce, je ne puis être de l'avis de ceux qui, n'attribuant qu'au défaut d'existence politique de ces contrées, la nullité d'esprit et l'épuisement absolu des peuples qui les habitent, signalent le rétablissement d'un Empire d'Orient, comme l'époque de leur régénération nécessaire et infaillible. D'autres n'assignent pour sources du mal, que le fanatisme religieux qui comprime le développement de leur esprit, ou la corruption des mœurs établie depuis si long-tems parmi eux. Tous les voyageurs ou écrivains modernes qui ont fait mention de ce pays, ont pris parti pour ou contre cette prétendue régénération.

Les uns considérant la Grèce comme un champ fertile, qui par cela même qu'il est depuis plus long-tems en friche, promet une moisson plus abondante au premier cultivateur qui tentera d'y porter la charrue, tirent des circonstances les moins importantes les pronostics les plus brillans, et voient dans le moindre mouvement des Grecs modernes, un élan qui va les mener au temple du génie; et parce que ces peuples furent autrefois glorieux et grands, il faut aussi qu'ils reparaissent avec un éclat pareil, du moment qu'ils se réveilleront de leur longue léthargie.

D'autres, au contraire, ne veulent voir dans ce même peuple qu'un corps épuisé, auquel il ne reste plus que la faculté végétative, qu'un fond de roc auquel l'inondation qui l'a submergé n'a pas seulement enlevé toutes ses productions, mais encore le suc nourricier qui seul eût pu les reproduire. Indignés de la bassesse et de la corruption qu'ils ont rencontrées, ils annoncent hautement l'éternelle durée de cette existence, comme si à la nuit la plus orageuse et la plus profonde on ne voyait jamais succéder un beau matin.

Pour moi, la Grèce se présente à mon esprit comme une forêt jadis magnifique et s'enorgueillissant des arbres les plus majestueux et les plus rares. On y a porté la coignée, toutes les anciennes tiges sont abattues, et toute espérance de hanter des rejetons nouveaux sur ces troncs antiques, est anéantie pour toujours. Les vieilles souches même, s'il en est qui subsistent encore, ne sont qu'une entrave de plus aux progrès de la nouvelle culture; mais sans doute il n'est pas impossible de les déraciner, et d'établir sur le même terrain une plantation toute nouvelle. Si, et comment elle réussira, c'est ce qu'il n'est pas facile de connaître. L'expulsion des Turcs de l'Europe n'est qu'une condition première, et c'est une étrange inconséquence que d'attendre pour un avenir très-prochain, de si grandes choses des Grecs modernes, qu'on aura déjà assez de peine à mettre au niveau des autres puissances européennes.

Qu'un grand homme vienne à s'élever

un jour au milieu de ces peuples, peut-être pourra-t-il y opérer une révolution, s'il est véritablement doué de toutes les qualités d'un réformateur. Jusque-là le génie le plus puissant n'y pourra rien. Le vol majestueux de Pindare ne put dissiper la pesanteur des Béotiens; et le plus grand des Grecs, Epaminondas, ne parvint à leur donner qu'un instant d'éclat.

VOYAGE DE NÉGREPONT

DANS QUELQUES CONTRÉES

DE LA THESSALIE,

EN 1803.

OUTRE M. Gropius et mes deux domestiques, dont l'un était Grec et nous servait d'interprète, notre société était composée de M. Fornetti, alors dragoman français à Coron, maintenant désigné en la même qualité pour Salonique, et de son janissaire, Osman, barbier de la même ville.

Nous délibérâmes long-tems sur la question de savoir si nous nous rendrions à Trichery par terre ou par mer; car nous ne pouvions trouver de bâtiment qui nous transportât directement à Salonique. Enfin, malgré les protestations de M. Gropius, la pluralité décida pour la voie de la mer, comme la plus commode, et vraisemblablement la plus prompte.

Le maître d'hôtel du pacha de Négrepont, Arménien assez simple, nous loua un caïk d'une grandeur considérable; et voulant en prendre connaissance par nous-mêmes, nous nous rendîmes un matin sur l'Euripe. Ce caïk était un peu plus long et un peu plus large qu'une gondole vénitienne, et ponté; de sorte que les passagers qui payaient pouvaient tous, quoiqu'à l'étroit, se tenir dans l'entre-pont, pourvu néanmoins qu'ils arrangeassent leurs jambes, comme on fait dans une voiture peu spacieuse. Quant aux domestiques, il fallait qu'ils se tinssent sur le tillac, où ils n'étaient pas moins à l'étroit que nous. Ces bâtimens servent pour la navigation de toute la côte orientale de la Grèce jusqu'à Trichery. Ils ne se hasardent pas volontiers plus loin dans le golfe de Thessalonique, par crainte des pirates qui s'y tiennent toujours en embuscade, et contre lesquels de plus grands vaisseaux, et montés par un équipage plus considérable, ont déjà assez de peine à se défendre. Ils marchent très-vîte avec des voiles latines ou triangulaires; mais leur quille étant plate, ils sont exposés à chavirer dans les gros tems; c'est pourquoi on ne se sert que de mâts très-bas, et construits de façon qu'on puisse facilement les ôter et les replacer.

Lorsque nous prîmes des informations sur notre équipage, précaution que dans ce pays il ne faut jamais négliger, un homme parut avec quatre jeunes garçons, dont le plus âgé avait quatorze ans, et le plus jeune pas plus de huit. Comme nous avions appris par d'assez fâcheuses expériences, à quels risques on est exposé avec un aussi faible équipage, nous demandâmes un second homme, et ce ne fut pas sans beaucoup de peine et sans une grande augmentation de prix, que nous finîmes par l'obtenir.

L'après-midi, par un tems superbe, nous nous rendîmes à bord. Le plus jeune de nos petits marins était au gouvernail; les autres ramaient, posant leurs rames sur une espèce de fourche, comme dans les gondoles de Venise; ce qui, excepté à Négrepont, n'a lieu que rarement dans les embarcations grecques.

Pris d'un calme plat, nous n'avancions

que très-lentement, et n'avions pas fait encore trois à quatre cents pas, lorsqu'un pauvre Turc, que nous avions pris par charité, s'aperçut qu'il avait oublié sa pipe. En même tems nous vîmes deux hommes de sa connaissance qui s'éloignaient du bord dans une misérable nacelle, pour lui porter cette pièce indispensable de son mobilier, et qui nous faisaient signe de les attendre. Mais plus ils se donnaient de peine pour nous rejoindre, plus nos Grecs se faisaient un malin plaisir de redoubler d'efforts pour s'éloigner, jusqu'à ce que nous intervînmes et leur ordonnâmes de s'arrêter.

Il règne à Négrepont la plus grande haine entre les Turcs et les Grecs. Les janissaires passent pour y être braves, mais méchans et mutins, réputation qu'ils partagent avec ceux de Candie. Spon cite un proverbe qui dit : « Dieu nous préserve « des juifs de Salonique, des Grecs d'A- « thènes et des Turcs de Négrepont. » Les Grecs de cette île passent aussi pour être faux et trompeurs ; et l'ancien oracle qui disait : « que la Thessalie engendre les « meilleurs chevaux, Lacédémone, les

« meilleures filles, mais que les meilleurs « de tous les hommes sont ceux qui boivent « l'eau sacrée de l'Aréthuse, » oracle qui, selon Strabon, doit s'appliquer à l'Aréthuse près de Chalkis, a perdu aujourd'hui toute sa vérité.

Nous naviguâmes pendant quelque tems au milieu du détroit. Les deux rivages, tant celui de la Béotie que celui d'Eubée, sont montueux et couverts de sapins; mais le dernier plus agreste et plus élevé. A gauche nous avions l'Anthédon d'Homère, où, selon Ovide, Médée descendit de son char traîné par des dragons aîlés, lorsqu'elle vint rendre la jeunesse à Œson.

A l'approche du soir, nous nous tînmes plus à droite du côté de Négrepont, où la navigation est plus facile, et où les ports offrent plus de sûreté.

Nos matelots nous montrèrent, en passant, la direction d'un lieu dans l'intérieur de la presqu'île, où ils prétendent que, dans les tems les plus reculés, il existait une ville nommée Babel, qui, en punition de ses impiétés et de ses débauches, fut détruite par la colère du ciel, et convertie en un lac. Ce récit était absolument conforme à celui que fait la Bible, de la destruction de Sodome et Gomorrhe. Les caloyers aiment à frapper les Grecs de la terreur de semblables jugemens ; et comme leur imagination n'est pas très-féconde à inventer des prodiges nouveaux, ils trouvent plus commode de tirer parti des anciens, en mêlant et transposant les noms, comme ils le jugent à propos. Ceci a probablement pour base la tradition de quelque tremblement de terre. Strabon observe expressément « que toute cette côte est « sujette aux tremblemens de terre ; mais « sur-tout près du détroit. Elle a aussi des « vents souterrains, comme la Béotie et « d'autres lieux. Ce fut un de ces boule- « versemens qui détruisit la ville d'Eubée. »

De même que les moines grecs ont jugé à propos de placer une Babel à Négrepont, on trouve aussi des transpositions non moins étranges dans différens écrits du moyen âge. Anne Comnène, en rapportant la mort de Bohémond, transporte en Céphalonie plusieurs noms des villes de la Judée. Elle place, par exemple, la scène de cet événement au promontoire Ather. Pour se procurer quelque soulagement dans l'ardeur de sa fièvre, Bohémond envoie plusieurs de ses gens lui chercher de l'eau fraîche. Chemin faisant, ils rencontrent un homme du pays qui leur dit : « Vous voyez « ici Itaque, où jadis existait une grande « ville nommée Jérusalem. Il y coulait une « source dont l'eau, toujours fraîche, était « excellente à boire. »

Plus loin et le même soir nous passâmes devant la contrée où sont situées les eaux chaudes de Négrepont, qui sont encore aujourd'hui recommandées par les médecins, comme les plus fortes et les plus efficaces de toute la Grèce. Ces bains se prennent en été, au lieu que ceux des Thermopyles se prennent en automne. Ce sont les eaux d'OEdepse consacrées à Hercule, et dont Plutarque fait mention dans son quatrième livre des *Entretiens de Table*. « OEdepse en Eubée, célèbre par « ses bains chauds, est un lieu que la na- « ture s'est plue à créer pour la jouissance « de tous les plaisirs. Les nombreux bâti- « mens qu'on y a construits, les auberges « qu'on y a établies, en font, pour ainsi dire, « le lieu de plaisance universel de toute la « Grèce. . . . . . . La fin du printems est

« l'époque où ce lieu est le plus fréquenté. « Alors il s'y rend de toutes parts un « grand nombre d'étrangers, qui, dans l'a- « bondance de tous les besoins de la vie, « goûtent gaîment entr'eux les douceurs « de la société. »

Cependant la cime du mont Kandili (chandelle) que nous avions devant nous, et qui est le plus escarpé et le plus redoutable de la péninsule, commençait à s'envelopper de nuages, et nous prédisait une tempête. Nos marins étaient très-impatiens de l'avoir derrière eux. La nuit survint, et nous allâmes nous accroupir dans notre prison, où nous dormîmes assez paisiblement une couple d'heures. Mais vers minuit, le sifflement de la tempête, le choc violent des vagues, et les mouvemens tumultueux de l'équipage, vinrent troubler notre sommeil. Nous étions ballottés de la plus étrange manière, et l'eau coulait en abondance par-dessus le bord. M. Fornetti était dans les alarmes, tandis que M. Gropius, qui avait toujours été d'avis que nous prissions la voie de la terre, parodiait plaisamment le Cyclope de Théocrite, lorsqu'il dit à Galathée : « Dis-moi, comment

« as-tu pu faire choix de ce perfide élé-
« ment ? »

Le rivage toujours voisin, mais si inhospitalier, l'obscurité de la nuit, la violence des coups de vent que le Kandili nous envoyait, provoquaient en même-tems et les inquiétudes des matelots et les gémissemens des domestiques ; et cet état d'incertitude et de danger dura jusqu'au matin, que nous abordâmes à Limno, lieu de naissance de nos mariniers, où nous mîmes pied à terre.

Limno n'est à la vérité qu'un chétif village ; mais la navigation y est florissante, et il se construit très-près de là des bâtimens considérables pour le compte des habitans, qui sont connus dans la mer Egée pour de bons matelots et de hardis spéculateurs. Ils envoient des bâtimens jusques dans la mer Noire. Les plus petits, comme celui que nous montions, ne font que le cabotage, et en été, lorsqu'ils ne trouvent pas d'autre cargaison, ils vont chercher en Thessalie, à leur compte, des pastèques et autres melons, article indispensable pour les habitans du pays. Notre patron, ainsi que son petit équipage, ne se nourrirent, tant que nous fûmes à leur bord, que de pain, de fromage, d'oignons et de ces pastèques.

Le vent demeura contraire pendant toute la matinée. Les femmes de Limno étaient presque toutes établies avec leurs métiers devant la porte de leurs maisons, les unes faisant de l'abatis, ou de grosses toiles d'emballage, les autres se fabriquant des habits. Elles ne sont pas mal faites, et ont le teint assez beau, mais elles sont sauvages et mal-propres. Il n'y avait autour du village que peu d'arbres fournissant de l'ombrage, et la culture des champs était dans un plus triste état encore.

Vers le soir nous tentâmes de nous remettre en mer, mais à l'entrée de la nuit le gros tems s'éleva de nouveau, et voyant que malgré tous les efforts de nos rameurs, nous ne pouvions parvenir à faire route contre le vent, nous entrâmes à une heure du matin dans une baie qui est à une lieue et demie du village de Lithada (pierreux), vers lequel nous nous acheminâmes, à pied, à la pointe du jour, après être convenus avec notre patron qu'il nous enverrait chercher, du moment qu'il serait possible de tenir contre le vent en courant des bordées.

Le chemin de Lithada nous parut agréable. Nous trouvâmes près du rivage beaucoup de très-beaux oliviers sauvages ou oléastres, qui portaient des olives de la grosseur des colymbades d'Athènes, et dont nos marins firent une petite récolte.

Un peu en avant de Lithada, il y a une briqueterie considérable, mais où l'on n'apporte pas un grand soin à la préparation des briques, qu'on se contente de faire sécher au soleil. Il s'en fait un grand débit dans toute la Romélie, et le millier se vend de trente-deux à trente-six livres tournois.

Lithada est située sur le plateau d'une montagne à une grande demi-lieue de la mer. Les alentours en sont rians, et la vue des plus agréables. De petits ruisseaux, dont à l'aide de canaux on a multiplié le cours, coulent et se croisent de tout côté. Des haies bien entretenues entourent de petits jardins, où l'on cultive la vigne, le grenadier et d'autres arbres fruitiers. On s'était même amusé à y planter des fleurs et des arbrisseaux à côté des légumes, et cette culture opposée à celle de Limno offrait un contraste dont nous fûmes frappés. Mais c'est que Limno est habitée par des Grecs, et que la plus grande partie de la population de Lithada est Albanaise.

Nous nous rendîmes chez le *Gérondas*, (vieillard) primat du lieu, et lui demandâmes la permission de nous reposer et de prendre quelque rafraîchissement chez lui. Effarouché à la vue de notre Turc, il commença par feindre que cela lui était impossible; mais les domestiques, qui savaient déjà ce que cela signifiait, lui ayant remis quelques piastres pour notre approvisionnement, ses inquiétudes se dissipèrent, et il ne tarda pas à nous contenter.

Deux filles de la maison, très-jolies, dont l'une travaillait au métier en plein air, tandis que l'autre était occupée à pétrir du pain, nous offrirent de nous vendre un mouton qu'elles avaient élevé et engraissé elles-mêmes, et sur-le-champ il fut tué, et mis à rôtir sur des broches de bois. Ces Albanaises (*voyez* la planche ci-jointe) portaient dans les longues tresses de leurs cheveux une quantité de pièces d'argent d'un poids considérable, passées et rangées sur des fils, de façon qu'à chaque mouvement du corps, elles produisaient un cliquetis assez singulier; outre qu'elles donnaient à la tête une légère pente en arrière, comme pour la placer dans une attitude plus gracieuse. Nos deux jeunes hôtesses avaient, ainsi que leur père, une conversation libre et aisée. Dès qu'on fut instruit dans le village qu'il y avait des étrangers chez le primat, il y arriva un grand nombre de curieux. La conversation ne roula que sur les Turcs, leurs vexations et leurs violences, que les Négrepontins supportent très-impatiemment. Une vieille femme finit sa diatribe par dire, en se tournant vers nous d'un ton d'humeur et de colère : « Et pourquoi « aussi ne venez-vous pas nous délivrer ? »

Après notre repas, nous nous remîmes en marche, et descendîmes au rivage. Notre chaloupe était arrivée, et nous nous embarquâmes sur-le-champ; mais ne faisant de nouveau que très-peu de chemin, nous nous décidâmes à passer la nuit dans une baie déserte.

Ce ne fut que le lendemain que nous

arrivâmes à Trichery. Quelques Turcs qui étaient partis en même-tems que nous de Négrepont, mais par terre, nous y avaient dévancés de beaucoup. Nous employâmes ainsi trois jours pour nous rendre d'Egripo à Trichery, distance de douze milles et demi d'Allemagne, et reconnûmes que M. Gropius avait eu raison de protester contre le parti pour lequel nous nous étions décidés.

Les voyageurs se rendent à cheval jusqu'à Xenochorion (village des étrangers), qui paraît être situé où était autrefois Oréos ou Histiæa. Là on allume un grand feu sur le rivage, pour appeler les chaloupes du port qui est de l'autre côté; de même qu'à Paros, lorsqu'on veut se rendre à l'île voisine d'Antiparos, on allume du feu près d'une petite chapelle, sur le rivage désert vis-à-vis de ce dernier lieu.

La ville de Trichery est située dans l'ancien district de Magnésie, sur une montagne qui termine la chaîne du Pélion, et que l'on nommait *Tiséenne*, à l'entrée du golfe de Pagase, aujourd'hui Volo, et près du promontoire Æantique. (capo di Volo).

Il n'y a que peu d'années que les habitans se sont établis sur cette hauteur. Ils habitaient auparavant quelques petites îles dans l'intérieur du golfe ; mais sans cesse exposés aux incursions des pirates, ils ont été contraints d'émigrer, et de bâtir des maisons sur la montagne.

Artémidore parle, dans Strabon, d'une île de Kikynéthus, dans le golfe de Pagase, avec une petite ville du même nom. Je suis tenté de croire que c'est cette même île sur laquelle était située Trichery avant sa translation récente.

Le nombre des habitans de Trichery peut bien être de quatre à six mille. Ce sont presque tous Grecs qui font un commerce considérable, et paraissent vivre dans l'aisance ; mais ils sont farouches et de difficile abord, ce qui provient de l'état continuel d'hostilités et d'inquiétudes dans lequel ils ont si long-tems vécu, et qui nourrissait dans les esprits la méfiance et l'aigreur. Le port, ou, comme on a coutume de dire dans le pays, l'échelle de Trichery, au pied de la montagne, est une des plus fréquentées de la côté orientale de la Grèce. On y voit un chantier de construction pour des vaisseaux marchands, qui tire presque tous ses bois de l'île d'Eubée. Plusieurs marchands y ont établi de grands magasins de vivres. Les vaisseaux de Constantinople et de Salonique qui sont destinés pour l'Euripe, viennent mouiller dans ce port, de même que ceux qui viennent de l'Euripe aiment aussi à y relâcher. Le port est bien garanti, et le mouillage est bon et très-près de la côte.

Nous nous enquîmes, en arrivant dans le pays, d'un chan, ou lieu de séjour quelconque pour des étrangers, et l'on nous conduisit dans un soi-disant café, qui était en même-tems une boutique de barbier. Dans les lieux qui sont habités ou en totalité, ou en grande partie par des Grecs, les cafés sont d'ordinaire mal construits et encore plus mal tenus. Les Turcs y mettent beaucoup plus de soin, passant la moitié de leur vie dans ces lieux publics.

Celui-ci ressemblait parfaitement à une longue écurie. Au lieu de sofas c'étaient des tables qui regnaient tout autour de l'appartement, et ce fut sur cet échafaudage assez semblable à celui de nos tailleurs, et recouvert de nattes de paille, que l'on nous invita à prendre place. Nous avions en face de nous la grande scène de la tonte des mentons et des têtes, art dans lequel les Turcs et les Grecs se croient infiniment supérieurs aux Francs. Ils s'en acquittent effectivement avec la plus grande exactitude, mais aussi avec bien de la lenteur et beaucoup de cérémonies. Il n'y a pas de position que le pauvre patient ne soit obligé de prendre. Tantôt le barbier lui fait tellement pencher la tête en arrière, qu'il doit craindre d'étouffer ou de se rompre la nuque; tantôt c'est à droite ou à gauche qu'il lui faut la pencher avec la même violence, ou bien il doit l'appuyer sur les genoux de l'opérateur, qui de son côté se sert alternativement de son rasoir et de ses ciseaux. Comme c'était la veille d'un jour de fête, il y en avait toujours six à sept qui se faisaient opérer à-la-fois. Pour compléter la caricature, au-dessus de chacune des pratiques pendait un vase, semblable à une machine à thé, avec un robinet ouvert, d'où lui coulait sur la tête l'eau qui servait à la savonner. La préparation de notre café étant, comme de raison, subordonnée à cette importante affaire, nous eussions fort bien pu nous en passer, si un Tartare de Constantinople n'avait bien voulu prendre nos intérêts. Ces courriers, lorsqu'ils arrivent de Livadie et d'Epire, prennent souvent la route de Trichery pour se rendre à Constantinople. Si le vent est favorable, ils s'embarquent et arrivent très-vîte aux Dardanelles, ou à leur destination même; s'il leur est contraire, ils gagnent le premier port, et continuent leur voyage à cheval.

C'était d'abord l'intention de M. Fornetti de se rendre par mer de Trichery à Salonique; mais ayant entendu dire à notre arrivée dans l'échelle, que le golfe était tellement infesté par les pirates que personne ne s'exposait à y naviguer, nous résolûmes, pour avoir là-dessus des renseignemens positifs, d'aller trouver dans la ville, sur la hauteur, un homme pour lequel il avait apporté des lettres de Négrepont.

Comme la montagne est escarpée et difficile à gravir, M. Fornetti loua un âne, et notre janissaire en fit de même, rien ne lui étant plus pénible que la fatigue de la marche ; ce qui peut généralement s'appliquer à tous les Turcs. M. Gropius, le domestique et moi, nous prîmes les devants à pied. Le chemin formait un colimaçon, et fourmillait d'hommes et de femmes qui retournaient du port dans leurs maisons, portant sur la tête les provisions qu'ils venaient d'acheter ; de sorte que la montagne, avec la ville qui la couronne, ne ressemblait pas mal à ce chemin allégorique du bonheur, que l'on voit sur les vignettes d'anciens livres de morale, et qu'une quantité de gens, dans des attitudes diverses, s'efforcent péniblement de gravir.

L'habillement des femmes grecques est ici assez élégant. Elles portent des chemises bleues brodées, et une espèce de turban fort agréable, formant la coiffure nationale de ce canton, au lieu des bonnets blancs ou rouges que l'on porte depuis là jusqu'en Macédoine.

Nous trouvâmes à mi-côte un puits en pierres de taille, auprès duquel des femmes de la ville s'étaient rassemblées en assez grand nombre. Elles nous dirent beaucoup d'injures, traitement que nous avons rarement éprouvé de la part des femmes grecques ; il est vraisemblable que la vue de notre janissaire excita leur courroux.

Au reste, quoique rien ne soit plus gracieux dans la peinture ou dans la poésie descriptive, que des femmes qui lavent ou qui puisent de l'eau dans une fontaine, il n'en est pas moins vrai que j'évitais toujours, autant que je le pouvais, les rassemblemens turcs de cette nature. C'est là proprement le cercle et le lieu de conversation des femmes; et comme elles y sont gênées l'une par l'autre dans l'envie qu'elles ont de caqueter avec les étrangers, envie qu'elles se passent assez volontiers, quand on les rencontre isolément, elles lâchent la bride à leur grossière gaîté, et se fiant sur leur nombre, se permettent de dire toutes les impertinences qui leur viennent en fantaisie.

A Eydin Guzel-Hissar (le beau château, l'ancienne Magnésie sur le Méandre), il nous fallut un jour, nous rendant aux ruines, passer par un chemin dans lequel il y avait une maison pleine de filles publiques. Elles se tenaient devant leur porte, le visage découvert, ayant une fois pour toutes le privilège de violer la décence. Il y avait avec elles plusieurs janissaires; et ces malheureuses, dans la vue sans doute de plaire par-là à leurs amans, nous accablèrent des plus grossières injures; elles en seraient même, je crois, venues jusqu'aux voies de fait, si nous n'avions pas eu un Turc pour nous escorter. Lorsqu'on rencontre des femmes dans les rues de Constantinople ou de Smyrne, où elles sont plus accoutumées aux Francs, et qu'elles ne craignent pas d'être aperçues, elles se permettent souvent de soulever le voile qui leur cache le front ou le bas du visage; car elles ne sont point entièrement enveloppées comme les femmes du Caire. Là où elles sont plus timides, elles se tournent le visage contre la muraille, à l'apparition imprévue d'un étranger.

Je reviens à Trichery. Nous gagnâmes enfin la ville haute, où nous fûmes fort bien accueillis par la personne à qui M. Fornetti était adressé; mais nous nous y convainquîmes si positivement du danger qu'il y aurait pour nous à naviguer dans le golfe, que nous prîmes la résolution définitive de passer à Volo, et de nous rendre de là par Larisse en Macédoine.

Il ne sera peut-être pas sans intérêt de faire mention ici de quelques productions et objets de fabrique de la Thessalie, de Zagora et de la Macédoine, qui sont exportés par Trichery, de même qu'on y importe de Smyrne plusieurs matières brutes. Je me servirai quelquefois, à cet égard, des notices statistiques de M. Félix Beaujour, autrefois consul de France à Salonique, maintenant consul-général à Charlestown en Amérique; mais j'en rectifierai quelques-unes, j'en déterminerai d'autres avec plus de précision.

Nous voyons dans la description du commerce de la Grèce de M. Beaujour, que le district de Zagora comprend environ vingt-quatre villages, au pied du Pélion et de l'Ossa, appartenant à la Sultane-Validé; qu'il est régi par un bey, et que le climat en est doux, le sol fertile, et les habitans industrieux.

« Ces Magnésiens, dit Strabon, qu'Ho-
« mère nomme toujours les derniers dans
« l'énumération des troupes thessaliennes,
« sont certainement ceux qui habitent l'in-

« térieur de la vallée de Tempé, depuis le « Pénée et l'Ossa jusqu'au Pélion. »

Ainsi le district de Zagora doit être l'ancien canton des Magnésiens, qui seulement s'étend un peu moins vers le nord, et ne va pas tout-à-fait jusqu'au Pénée.

M. Beaujour dit qu'on y récolte beaucoup de soie qui s'expédie pour Salonique, où on l'emploie à faire une sorte de schawls que l'on nomme *Poch*, et dont les janissaires se servent pour envelopper leurs turbans.

Le reste s'emploie à la fabrication d'un tissu dont on fait des chemises, vêtement que dans toute la Turquie on porte volontiers en soie, ou en soie et coton mêlés. Ce tissu ressemble parfaitement à notre crêpe; et si la peau ne s'accommode pas de ce que les chemises ont d'abord d'un peu rude et de crépu, on les fait bouillir dans du savon, ce qui leur donne un moëlleux et une délicatesse extrême. Elles tirent toujours sur le jaune, mais la couleur de la chair perce très-agréablement à travers ce tissu moins dense, et il m'a paru former une nuance plus douce que notre linge, dont la blancheur trop éblouissante offre un contraste peu favorable. On en a de tout prix, pour l'opulente épouse du pacha, comme pour le pauvre bostangi qui rame dans le port de Constantinople. C'est à Salonique que les plus fines se fabriquent, puis à Smyrne et à Chio; et les qualités plus communes, à Constantinople et à Brussa. Au haut de la pièce on fabrique une lisière plus dense et des raies de soie, quelquefois de la même couleur, souvent rouges, noires ou bigarrées. Les couturières adaptent très-adroitement ce liseré aux manches et au collet de la chemise.

Avant le douzième siècle il fallait tirer toutes les étoffes de soie de l'Asie ou de la Grèce. En 1148, Roger, roi de Sicile, soutint une guerre contre l'empereur d'Orient, Manuel Comnène, dans laquelle il occupa Corcyre, et conquit et pilla Corinthe, Thèbes et les principales villes de la Béotie. Dix ans après, son fils Guillaume fit la paix par la médiation du pape. L'empereur dut reconnaître son titre de roi, et les prisonniers furent rendus de part et d'autre. Guillaume promit du secours contre les peuples Slavons, et céda ses conquêtes. On voit dans Choniates [1], que l'empereur ne put obtenir que les fabricans et fileurs de soie de Corinthe et de Thèbes lui fussent rendus, non plus qu'un grand nombre de riches femmes grecques, qui entendaient les procédés de la filature et de la fabrication de cet article. L'historien dit que de son tems, c'est-à-dire à la fin du douzième siècle, on trouvait encore en Sicile des Corinthiens et des Thébains, qui fabriquaient de riches étoffes d'or. C'est là pour l'Italie l'heureuse époque qui lui valut ses manufactures de soie. De l'Italie la culture de cet article passa en Espagne et en Portugal, et plus tard en France.

Un article du commerce de Zagora, que M. Beaujour trouve plus important que la soie, ce sont les capotes, dont il s'exporte tous les ans plusieurs milliers des ports de Volo, Trichery et Salonique, dans l'Archipel, la Syrie, l'Egypte et les ports chrétiens de la mer Méditerranée et de la mer Adriatique. Les capitaines en embarquent souvent en pacotilles, et il n'y a pas de matelot italien ou de la France méridionale qui puisse s'en passer.

[1] Liv. II, pag. 51.

D'ordinaire même il leur en faut deux ; l'une plus courte, qui laisse les jambes et les cuisses dégagées, et c'est celle qui leur sert pour monter aux hunes et autres ouvrages pénibles ; et une autre qui leur enveloppe toute la longueur du corps. La couleur est à-peu-près celle de la robe des Capucins, quelquefois plus foncée. Cette capote, que l'on ne quitte jamais, est assez lourde, mais garantit le nez et la tête du froid et de l'humidité.

M. Beaujour ajoute que la partie extérieure du tissu est unie, et si ferme que la pluie glisse sans y pénétrer. L'envers est noir et velu.

Elles sont la plupart du tems bordées d'une tresse rouge, et ont souvent même une broderie au collet et aux poches. Ces capotes sont aussi un vêtement indispensable pour les Albanais : c'est leur uniforme et leur véritable costume national. En été même, les soldats de cette nation ne les déposent presque jamais ; alors le manteau pend par-dessus un bras. Mais ils ne les portent pas toujours en couleur foncée ; souvent elles sont blanches, et quelquefois richement bordées de galons et de tresses d'or, et sans manches.

Pour en revenir à notre voyage, le lendemain, comme il était fête, et que nos matelots voulurent entendre la messe et faire un repas gras à terre, nous ne partîmes qu'à midi.

Le 27 août 1803, une tramontane assez fraîche nous conduisit à Volo, que nous aperçûmes devant nous, du moment que nous eûmes doublé la première pointe de terre, et que nous eûmes passé les îles où Trichery était autrefois situé.

Nous laissâmes à gauche le port d'Aphetœ, d'où les Argonautes mirent à la voile, et où se réfugia une partie de la flotte de Xerxès, lorsqu'elle fut battue de la tempête au cap Sépias.

Volo est situé par le 39° 25′ de latitude nord, à quatre milles et demi d'Allemagne de Trichery. Les Turcs et les Grecs prononcent Golo. Le port ne protège point contre les violens vents de nord, et les grands vaisseaux se tiennent de préférence dans la rade.

Quoique notre caïk prît à peine trois pieds d'eau, il donna sur un écueil très-près de la digue. Par bonheur, un vaisseau qui n'était pas loin, s'aperçut de notre embarras, et nous envoya sa chaloupe, qui nous transporta à terre nous et nos effets, et aida notre équipage à remettre la barque à flot.

Nous fûmes fort mal accueillis, en mettant pied à terre, par huit ou dix Albanais qui étaient assis sur le mole, et qui mirent sur-le-champ la main à nos effets pour les examiner. Ils nous demandèrent, du ton le plus brusque, d'où nous venions et où nous allions; et, n'écoutant aucune de nos raisons, se comportèrent envers nous comme une soldatesque indisciplinée et d'un naturel farouche, qui sent sa supériorité dans le pays, et qui est d'humeur à s'en prévaloir. M. Fornetti, timide comme un dragoman, saisit aussitôt le prétexte de vouloir parler au receveur des douanes et lui remettre une lettre, et s'éloigna avec son janissaire, nous promettant de nous envoyer chercher bientôt nous et nos effets. Je m'assis avec M. Gropius sur mon petit coffre; mais l'importunité des Albanais devint insupportable, jusque-là qu'un des officiers voulait absolument s'emparer de mes bésicles, et que j'eus besoin de quelque fermeté pour ne pas subir l'affront de me les voir enlever sur le nez. Enfin arrivèrent quelques porte-faix juifs de la ville, qui, sur l'ordre du receveur des douanes, chargèrent nos paquets pour les porter chez lui ; nous les suivîmes, et y trouvâmes M. Fornetti déjà établi.

C'était un Turc de Thèbes qui avait la direction de toutes les affaires de douane dans le golfe, l'esprit le plus lourd et le plus épais qui jamais ait respiré les brouillards de la Béotie. Nous le trouvâmes assis sur son perron, devant une maison étroite et chétive. Il nous fixa stupidement, et après nous avoir fait une couple de questions insignifiantes, il nous fit présenter du café et des pipes. Il se plaignait de la fièvre ; et nous ne tardâmes pas à voir arriver son médecin juif, qui lui ordonna pour fébrifuge du jaune d'œuf et du jus de citron, spécifique auquel on a grande confiance en Grèce, et qu'on accompagne d'une saignée pour tous les accidens de quelque nature qu'ils soient. On y a en revanche la plus grande frayeur des vomitifs : aucun médecin ne hasarderait d'en prescrire, aucun malade ne s'exposerait à en prendre.

Notre visite chez le receveur des douanes dura plus d'une mortelle heure. Il nous arrivait à tout moment des messages de nos domestiques, qui ne savaient où ni comment nous préparer des gîtes et un souper. Enfin on se décida pour un café. Nous ne trouvâmes pour toute provision qu'un pilau et des melons d'eau. La maison était déjà occupée par plusieurs étrangers; et les Albanais, qui sont loin d'avoir le calme et l'immobilité des Turcs, ne nous laissèrent que fort tard la possibilité de prendre quelque repos. La chaleur étant excessive, je me couchai devant la maison, sur une espèce de table qu'on haussait ou baissait de la fenêtre. Les boulangers en ont de pareilles en divers endroits pour étaler leur marchandise; mais ici elles étaient destinées pour l'usage de ceux qui fréquentent ces maisons, et qui aiment à jouir du plein air.

Volo est bas et marécageux, et l'air y est mal-sain. Les rues sont très-étroites, et toujours remplies de boue, même dans les plus grandes sécheresses. Nous avons vu qu'après que le Pénée se fut ouvert un passage entre les montagnes, il resta en

Thessalie deux grands lacs, le Nésonis et le Bobéis. C'est celui-ci qui, situé à peu de lieues de Volo, conserve toujours au terrain sa qualité humide et marécageuse. La mer se retire aussi peu-à-peu, et laisse derrière elle des eaux stagnantes.

Il n'est pas facile de désigner avec précision la situation de plusieurs anciennes villes de la Thessalie, encore moins de déterminer quels étaient leurs territoires respectifs, puisqu'ils étaient sujets à des variations perpétuelles. « Homère, après « avoir divisé la Thessalie en dix cantons, « nous apprend à cet égard, » dit Strabon, « une circonstance qui s'applique et à tout « ce pays pris ensemble, et à chacune de « ses divisions en particulier, dans lesquelles il comprend aussi quelques contrées montagneuses de l'Æta et de Locris : c'est qu'elles variaient d'après la « puissance de ceux qui les possédaient. »

Il n'y avait point en Thessalie d'assemblée générale, ni de tribunal suprême qui décidât des frontières, et veillât au maintien des anciennes démarcations.

L'opinion la plus commune est que Volo et son château occupent exactement la place de l'ancienne ville d'Iolkos. Mais cela ne peut être juste qu'autant que l'on donnait ce nom à toute la partie qui borde l'Anavrus; car la véritable résidence de Pélias, si fameuse dans l'antiquité, et le lieu où, d'après Diodore, se réfugia Thessalos, le seul qui échappa des enfans de Jason et de Médée, et d'où il donna son nom à tout le pays, était, dit Strabon en parlant de Démétrias, à une distance de sept stades de la mer.

Tout le golfe de Pagase était entouré de villes plus ou moins considérables, qui, de même qu'Iolkos, soit par la tyrannie de quelques usurpateurs, soit par d'autres raisons, tantôt prospéraient et tantôt dépérissaient, jusqu'à ce qu'enfin elles furent entièrement ruinées.

Or, tous ces différens cantons étaient déjà en décadence, lorsque Démétrius Poliorkètes les fondit dans la nouvelle ville qu'il éleva entre Nélia et Pagase. Je ne sais trop quelle idée je dois me faire de cette fusion; ce qu'il y aurait de plus vraisemblable, c'est qu'il s'y fût pris comme Epaminondas, quand celui-ci voulut peupler Mégalopolis. Mais le passage suivant de

Strabon semblerait plutôt indiquer que toute juridiction étant enlevée aux autres villes, c'est-à-dire à celles de Nélia, Pagase, Orménium, Rhizus, Sépias, Helizon, Bœbé et Iolkos, pour être transférée exclusivement dans la capitale, celles-ci ne formèrent plus bientôt que de misérables bourgades; car il dit : « Démétrias a été « long-tems non-seulement le principal « port de la Macédoine, mais aussi la rési- « dence de ses rois, et avait sous sa juri- « diction la vallée de Tempé, aussi bien « que les monts Pélion et Ossa. »

Il faut qu'elle ait été encore une ville très-considérable du tems de la guerre d'Antiochus contre les Romains; car ce fut ici, si nous en croyons Diodore [1], que le roi de Syrie passa son hiver dans les délices; quoique d'autres historiens appliquent cette circonstance à Chalkis en Eubée.

On peut juger de l'importance de sa situation par le mot de Philippe de Macédoine, qui nommait cette ville, conjointement avec Chalkis et Corinthe, « les chaînes « de la Grèce, » et qui, en conséquence, ne manqua pas de s'en emparer; ce qui fut

[1] Liv. VI.

une des principales causes de la guerre avec les Romains. Mais par la Grèce, on doit entendre ici le pays compris entre l'isthme et le golfe de Thermœ; car il n'y avait aucun port sur toute la côte orientale qui fût mieux défendu que ces trois-ci, et en même tems plus commode pour couper l'entrée des blés à tous les états de la Grèce; puisque la Sicile, déjà soumise aux Romains, envoyait, ainsi que la côte d'Afrique, ses denrées à Rome et en Italie, et que les Grecs recevaient leur approvisionnement par le Levant, du Pont ou de l'Asie Mineure. Les vaisseaux de Corinthe croisaient donc jusqu'à Sunium; ceux de Chalkis, le long des côtes de l'Epire, et ceux de Démétrias, le long des bas-fonds, remontant jusqu'en Macédoine; d'autant que sur cette dernière côte il n'y avait qu'un petit nombre de mouillages assez médiocres, tel que Méliboea.

Ovide, dans sa métamorphose de Thétis et Pélée, décrit très-exactement ces baies en parlant de Pélias, qui, comme on sait, est le théâtre de cet événement mythologique.

Est sinus Æmoniæ curvos falcatus in arcus,
Brachia procurrunt; ubi si foret altior unda;

Portus erat ; summis inductum est æquor arenis :
Litus habet solidum , quod nec vestigia servet ,
Nec remoretur iter , nec opertum pendeat alga ;
Myrtea sylva subest bicoloribus obsita baccis ;
Et specus in medio , naturâ factus , an arte ,
Ambiguum ; magis arte tamen : quò sæpè venire
Frænato delphine sedens , Theti , nuda solebas.

Mais si les vaisseaux chargés de blé devaient faire voile pour les ports occidentaux, il fallait qu'ils doublassent le promontoire de Malée, dont le proverbe disait : « Celui qui a Malée à doubler, doit oublier « tout ce qu'il a laissé chez lui. »

Volo est encore aujourd'hui, comme autrefois Démétrias, le chef-lieu d'une province, du moins sous le rapport des finances ; bien que ce ne soit qu'un très-petit endroit dont la population ne passe pas trois mille ames.

Nous voyons dans l'ouvrage de M. Beaujour, que la Macédoine et la Thessalie sont divisées en différens districts, qui le sont eux-mêmes en *agaliks* (seigneuries). Les agas, selon le même auteur, prélèvent un tribut plus ou moins fort sur les champs de blé, et le dixième du produit net doit revenir au Grand-Seigneur, qui cependant, dans la réalité, en retire à peine le douzième.

La Porte nomme chaque année pour ce recouvrement, un officier qui porte le nom d'*istiradgi*. Le mot *istira* désigne également et la contrée où cet officier exerce sa fonction, et l'impôt qu'il est chargé de prélever. Dans les districts de Volo et de Salonique, il est évalué et déterminé une fois pour toutes; dans les autres, il se règle d'après la moisson. L'istira de Volo comprend la contrée qui environne l'Olympe, le canton de Zagora, les golfes de Volo et de Zeitoun, et en général la partie de la Thessalie qui appartient au Musselimlik de Larisse.

Il est vraisemblable que Démétrias était située à l'ouest du Volo d'aujourd'hui, là où l'on trouve encore des traces d'anciens édifices. On remarque aussi çà et là dans le port d'anciennes pierres taillées, et des colonnes que l'on a rangées en demi-cercle pour y amarrer les vaisseaux.

La levée qui s'avance dans le golfe est bordée de grandes pierres de cette espèce, et à l'extrémité de la pointe il y en a une d'une grandeur considérable, qui est arrosée par la mer. Sa forme me fit d'abord présumer qu'elle servait de monument à quelque illustre naufragé ; mais on ne sait rien dans le pays qui ait le moindre rapport avec un événement de ce genre.

Le château de Volo est mal fortifié et n'offre absolument rien de remarquable, ce qui n'empêche pas que l'entrée n'en soit interdite. N'ayant pas prévu cette difficulté, nous nous y présentâmes sans nous être munis d'une autorisation ; mais un Turc nous signifia que cela ne se pouvait sans un firman exprès, et nous renvoya assez incivilement.

A l'exception d'une faible garnison musulmane, il est habité presque exclusivement par des Juifs, ce qui a souvent lieu dans les citadelles de ce pays, les Turcs craignant moins de trahison et de soulèvement de leur part que de celle des Grecs, qu'ils ne souffrent pas volontiers dans les endroits fortifiés. Un grand nombre de femmes juives remplissaient les rues, presque toutes fumant ou ayant du moins une pipe dans leurs poches, luxe que beaucoup d'arméniennes et de juives ont imité des femmes turques, mais que les femmes grecques n'adoptent que très-rarement.

Le 28 août, nous fûmes sur pied de

grand matin, et nous informâmes si nous ne pourrions pas nous procurer des chevaux pour Larisse ; mais les prix qu'on nous demanda nous paraissant excessifs, et le receveur des douanes ne jugeant pas à propos de s'entremettre pour nous, nous résolûmes de nous rendre dans les villages de la montagne, où l'on nous assura que nous en trouverions à un prix plus raisonnable. Nous nous mîmes donc sur-le-champ en marche, M. Gropius, le janissaire, le domestique grec et moi.

Pendant la première demi-lieue, le chemin ne s'élève que par une pente presque insensible. Nous arrivâmes au lit enchanteur de l'Anavrus, dont l'onde alors étroite, mais légère et limpide, coulait à travers de rians bosquets de lauriers-roses et d'*agnus castus*. Le lit est très-large, et « c'est pour « cela, » comme dit Stésichore [1], « que « Méléagre remporta le prix sur tous les « jeunes gens, parce que d'Iolkos il jeta « sa lance sur la rive opposée de l'Ana- « vrus. »

Il y a dans cette contrée quelques platanes de la plus grande hauteur. Un orage

[1] Athénée, IV. 22.

violent s'était fait sentir quelques jours avant que nous y passâmes, et nous vîmes au pied d'un de ces platanes une branche brisée qui avait près de six pieds de circonférence. Les bords du fleuve étaient ornés de jardins, où l'on remarquait de beaux et riches figuiers. Je n'ai guère vu de végétation plus vigoureuse, et cette contrée est effectivement renommée pour ses plantes, tant salutaires que pernicieuses.

C'est ici que doit avoir été située la superbe Iolkos. Il faut bien que de ses murs on ne pût apercevoir qu'une partie du golfe; autrement les Argonautes, à leur retour, n'eussent jamais pu se tenir cachés avec leurs vaisseaux, jusqu'à ce que Médée eût consommé sa trahison envers Pélias, et donné, du château, à son amant, le signal auquel, avec ses amis, il attaqua inopinément la citadelle et s'en rendit maître.

La pente du Pélion devint ici plus rapide, et l'horizon s'étendit davantage. Au bout de trois quarts d'heure, et après avoir traversé une forêt dont les arbres étaient de la plus grande beauté, nous arrivâmes à un village qui n'était habité que par des Turcs. Le bazar était en plein air avec ses boutiques, ombragé par de superbes arbres, sur une place très-spacieuse. Des sources de l'eau la plus vive, et de nombreux ruisseaux qui entrecoupaient le terrain, y répandaient par-tout la fraîcheur et la gaîté. Tout respirait la vie et l'abondance, et je n'ai peut-être jamais éprouvé à un plus haut degré cette impression que produit la richesse de la nature, si ce n'est dans les premiers jours du mois de mai, sur l'Oympe de Bithynie. Là, le printems avec toutes ses grâces, régnait sur la végétation entière; la neige, se fondant sur le sommet de la montagne, formait à chaque pas de légers filets d'eau; un gazon épais et de la plus riante verdure, offrait un tapis de violettes, de prime-vères, de safran et d'anémones de toutes les nuances; et là même où le sentier était de roc, du moment qu'il s'y présentait une fente, il y croissait un bouquet de fleurs.

On pourrait bien appliquer à ce sol ce que dit l'orateur dans Varron [1], en parlant des bords du Vélino, qu'une baguette qu'on y laissait le soir se trouvait recouverte le lendemain par la végétation d'une seule nuit.

[1] I, 7.

C'est sur ce point agréable et humide du Pélion que doit avoir été situé Pagase, qui, comme l'observe Strabon, avait reçu son nom des fontaines qui coulent ici en abondance. Ovide a raison d'en faire le théâtre des amours de Cytharus et d'Hylionome, le plus beau couple entre tous les centaures, et que la mort frappa d'un même coup dans le combat avec les Lapithes.

. . . . Qua nulla decentior inter
Semiferas altis habitavit fœmina sylvis.
. . . .
. . . . Cultus quoque quantus in illis
Esse potest membris, ut sit coma pectine levis,
Ut modò rore maris, modò se violave, rosave
Implicet, interdum canentia lilia gestat;
Bisque die lapsis Pagasææ vertice sylvæ
Fontibus ora lavet, bis flumine corpora tingat.

Plus haut, sur le revers de la montagne, on voit plusieurs villages grecs; et en général toute cette partie de la chaîne de l'Ossa est extrêmement peuplée et couverte d'habitations. Dans les nombreux hameaux qui y sont épars, on ne compte pas moins de trois mille maisons, dont la totalité est comprise sous le nom de *Macrinitza*.

Nous trouvâmes effectivement ici des chevaux à un prix dont nous nous accommodâmes, et après avoir fait notre accord pour qu'ils nous menassent jusqu'à Larisse, nous retournâmes à Volo.

Ils nous arrivèrent de la montagne vers les midi, n'ayant pour tout équipement que le bât ou *sommari* dont j'ai déjà parlé, et une corde dans la bouche. Nous prévîmes que notre marche serait aussi lente que désagréable, les maîtres des chevaux nous accompagnant, les uns à pied, les autres sur des ânes, qu'ils excitaient par des cris affreux. Mais je ne m'en sentis pas moins aise de quitter Volo; car les prétentions des Albanais, prétentions qui allaient toujours croissant à mesure que la timidité et la condescendance de M. Fornetti les encourageaient, m'étaient devenues tout-à-fait insupportables. Je n'appris qu'à Larisse qu'ils lui avaient encore, au moment du départ, extorqué cinq piastres, qu'il avait eu la faiblesse de leur accorder.

Nous fîmes deux lieues dans une vallée dénuée de forme et d'agrément; et après avoir passé une montagne peu élevée, nous arrivâmes enfin dans la plaine de

Larisse, dont la longueur est de douze lieues. Comme nous n'avions parcouru depuis long-tems que des contrées montagneuses ou du moins des terrains très-coupés, cette vaste et fertile plaine me fit une impression des plus agréables. A la vérité la moisson de ces beaux champs était déjà faite, et il n'y avait plus que ceux de melons qui étalassent encore la richesse de leurs fruits. Mais on voyait çà et là des villages qu'ombrageaient des bosquets touffus, aspect rare dans le Levant, et qui rappelle des pays plus cultivés. C'est aussi là que, pour la première fois depuis long-tems, je revis des chariots de paysans attelés de buffles à la marche pesante et d'une grosseur prodigieuse.

C'était dans la Troade, sur les bords du Scamandre, que j'avais vu les dernières voitures de ce genre, traversant « cette « noble campagne. » Elles sont à deux roues, gauchement et pesamment construites, fort petites d'ailleurs et ne pouvant porter qu'une charge peu considérable. L'essieu tourne avec les roues, et elles ressemblent à celles que Virgile décrit au troisième livre des Géorgiques.

On voit sur un ancien bas-relief, dans la vingt-cinquième planche de l'*Admiranda romana*, la représentation exacte d'une semblable voiture, traînée par des bœufs et portant du gibier.

Les paysans des environs de Rome en ont à deux roues, parfaitement bien calculées, dont on attribue communément l'invention à Michel-Ange Buonarotti, et que l'on voit en grand nombre sur le Campo-Vaccino, attelées de bœufs à cornes très-hautes. Une file d'une douzaine de ces voitures se nomme là, je ne sais trop pourquoi, une *ambasciata* (ambassade). On rendrait grand service aux cultivateurs thessaliens, si on leur en faisait connaître de semblables.

On rencontre des oies dans les campagnes de la Thessalie et de la Béotie, au lieu qu'il n'y en a point dans la plupart des contrées de la Grèce. Il m'a semblé aussi qu'en général elles n'y étaient pas d'un aussi bon goût que chez nous. On en chercherait en vain dans l'Asie Mineure et dans les îles de l'Archipel, et elles sont également très-rares dans la basse Italie et en Sicile. De grands seigneurs se font un divertissement d'en entretenir dans des étangs, comme on en use chez nous avec les cygnes.

La Thessalie a été de tout tems la partie de l'Hellénie la plus abondante en grains, et c'est aussi pour cela et à cause de ses vastes plaines, qu'on y transportait toujours le théâtre de la guerre, comme il en a été dans les tems plus modernes des plaines de la Lombardie et des bords du Rhin. De cette habitude de la guerre qui leur en rendait le spectacle familier, pourrait bien être provenu cet esprit remuant, ennemi de tout ordre et de toute constitution, par lequel les Thessaliens étaient connus dans la Grèce.

Il y eut de très-bonne heure des serfs dans cette province. Ils vaquaient en grande partie aux travaux de l'agriculture, et on les nommait *Pénestes*; ils étaient aussi très-disposés à la désobéissance, toujours prêts à se soulever contre leurs maîtres, et attentifs à profiter de tous les revers de l'Etat. Je présume que ces Pénestes étaient des Illyriens émigrés du district de Penestia, sur les frontières de la Macédoine et de l'Illyrie; ce qui expliquerait comment ces barbares se soumettant à une servitude volontaire, firent des conditions qui limitaient autant que possible le droit de propriété qu'ils donnaient sur eux à l'Etat. Ils ne fournissaient de corvées que pour la culture des terres de leurs maîtres, et ils acquittaient un certain impôt. D'ailleurs ils conservaient pour leur personne une sorte de liberté et de garantie; leurs maîtres n'avaient point sur eux le droit de vie et de mort, et ne pouvaient les vendre hors du pays, ce qui composait un état moins dur que celui auquel ils étaient réduits chez eux, puisque nous apprenons par plusieurs passages de Tite-Live que leurs rois les vendaient à des puissances en guerre, qui les employaient comme troupes de garnison.

Je suis tenté de soupçonner, mais sans doute sur un très-petit indice, que les paysans et les pâtres actuels de la Thessalie sont encore des descendans de ces anciens Pénestes. On reconnaît dans leur habillement une pièce qui, du tems des anciens, n'était en usage que chez les barbares, et qui sert quelquefois sur les monumens antiques à caractériser la condition servile; je veux dire les larges culottes descendant jusqu'à la cheville du pied.

La Thessalie est la seule province de la Grèce moderne où j'en aie remarqué de semblables. Les Grecs par-tout ailleurs ont des culottes qui ne vont qu'au-dessous du genou. Celles dont je parle ici sont faites en forme de sac, composées de deux pièces carrées d'étoffe bleue, ayant seulement des ouvertures pour les jambes, et serrées en haut par un cordon. Elles forment en avant et en arrière une grande quantité de plis de haut en bas, ce qui de loin leur donne l'air d'une juppe de femmes. Je n'ai pas besoin de dire que je n'entends parler ici ni des Grecs des hautes classes, qui, au turban près, ont entièrement adopté l'habillement des Turcs, ni des bergers Albanais, qui, là comme par-tout ailleurs, portent leur costume particulier.

La vaste plaine dans laquelle nous nous trouvions est indubitablement le *Champ Dotique* de Strabon. « Il était situé « dans le voisinage de Parrhæsias, de « l'Ossa et du lac de Bœbéis, presque au « centre de la Thessalie, et entouré de

« collines de tous les côtés. » Hésiode en fait mention. « La vierge sans tache qui se « baigne le pied dans les eaux du lac Bœ-« béis, habite les hauteurs Didyméennes « dans le champ Dotique, vis-à-vis d'A-« myra, si riche en vignes. »

Nous apercevions à peu de distance de nous, sur la droite, le lac qui se colorait des rayons du soleil couchant, et différentes habitations et villages à la place où jadis était Phœrœ. Cette ville était autrefois en Thessalie, avec Hypate et Larisse, le siége principal de la magie, et l'on ne conçoit pas comment un art pareil a pu avoir quelque crédit dans un pays où tant de gens se mêlaient de l'exercer, et où plusieurs même en faisaient leur métier et l'unique base de leur subsistance. Mais cela nous est fréquemment confirmé par les anciens écrivains, et M. de Pauw a été autorisé à dire : « Qu'on n'y entendait parler que de magie, « une partie de la nation se croyant sor-« cière et l'autre ensorcelée. »

Pline [1] s'étonne comment la magie a pu s'introduire en Thessalie. « Dans la guerre « de Troie, » dit-il, « cette nation se con-

[1] Liv. xxx, chap. 2.

« tentait des remèdes d'un Chiron et de « Mars fulminant. On serait presque tenté « de croire, » ajoute-t-il, « qu'Orphée y « avait apporté des pays voisins la supersti- « tion et la médecine, si l'on ne savait que « la Thrace, sa patrie, n'avait aucune con- « naissance de la magie. »

Plutarque [1] en donne pour explication : « que la thessalienne Aglonica, fille d'A- « gestor, savante en astronomie, persua- « dait aux femmes, lorsque la lune devait « s'éclipser, que c'était elle qui la faisait « descendre du ciel. »

Un grand nombre de femmes exerçaient aussi cette profession à Rome et en Italie ; mais celles-ci étaient presque toutes de la lie du peuple ; tandis que les Thessaliennes du plus haut parage s'adonnaient à la magie, se faisant faire à cet effet des instrumens magnifiques.

J'ai parlé ailleurs des ensorcellemens encore usités parmi les Grecs modernes, et c'est là une des parties de l'héritage de leurs pères qu'ils ont le plus soigneusement conservée.

Nous rencontrâmes plusieurs cimetières

[1] *De la décadence des oracles.*

turcs, mais où l'on ne voyait plus aucune trace des villages auxquels ils doivent avoir appartenu. J'ignore si la population de la Thessalie a souffert depuis peu dans la totalité, ou si seulement les Turcs se sont plus resserrés dans les villes. On trouve dans ces cimetières beaucoup de tronçons de colonnes antiques et des cippes rapportés, souvent élégamment ornés d'acanthes et de feuillages.

Après avoir fait six lieues depuis Volo, nous arrivâmes à l'entrée de la nuit dans le chan du village de Glari. Il s'y rendit bientôt un grand nombre de Grecs, dont plusieurs n'avaient jamais vu de Francs, les voyageurs ayant rarement occasion de prendre cette route. Je portais une veste de voyage; mais ils me témoignèrent tant de desir de voir le costume complet, que je me prêtai à mettre un habit.

J'observerai, à cette occasion, que ce qui, avec assez de raison, déplait le plus aux Levantins dans notre costume, c'est la coupe étroite et sans plis des pièces de notre habillement. Nos culottes collantes les jettent sur-tout dans la plus étrange surprise; et jusqu'à des vieilles femmes me firent à ce sujet des questions qui marquaient tout leur étonnement. Au reste, les Européens auraient tort de se formaliser des questions pressantes et quelquefois indiscrètes que leur adressent assez souvent les Turcs. Ceux-ci vont même volontiers, pour peu que l'on en soit connu, jusqu'à vouloir manier et examiner de près ce qui fait l'objet de leur surprise; mais ils accordent la même liberté aux Européens à leur égard. Un jour que je me promenais dans le bazar de Smyrne avec un vice-consul anglais, Léon Gabai, un vieux Turc, devant la boutique duquel nous passâmes, fut si surpris de voir que je gardasse mes lunettes en marchant, qu'il sauta de son siége, courut à moi, et me retenant d'une main, de l'autre il m'ôta mes lunettes, le tout avec tant de bonhomie et une curiosité si naïve, qu'il eût été impossible de n'en pas rire. Il me les replaça ensuite, en riant à gorge déployée, et s'écriant sans cesse: *guzluk! guzluk!* (lunettes! lunettes!) *Allah!* C'était une si grande fête pour lui de voir un jeune homme avec des lunettes, qu'il ne me donna pas de repos que je ne fusse entré dans sa boutique, et que je n'eusse accepté une tasse de café. Je suis forcé de convenir, au surplus, que les Turcs m'ont moins incommodé, par rapport à mes bésicles, que les Allemands des petites et même des grandes villes.

On nous apporta dans notre chan différentes monnaies anciennes, qui ne sont pas rares dans cette contrée. Il y avait dans la cour des échafauds assez élevés, sur lesquels plusieurs voyageurs s'étaient établis, pour être moins tourmentés des mouches et des cousins; et en général la plupart de ceux qui étaient venus loger dans ce chan, aimaient mieux y passer la nuit en plein air, que de coucher dans des chambres étroites et basses, où la chaleur était insupportable. Le soir assez tard nous entendîmes un grand bruit de chevaux; c'étaient les gardiens du village qui en amenaient un troupeau qu'ils avaient confisqué, les ayant trouvés sur leur terrain. La race des chevaux thessaliens n'est plus estimée chez les Turcs; mais on en élève encore d'excellens en Epire. Les Grecs ne servent jamais, ou du moins très-rarement, dans la cavalerie turque; mais les Arméniens y sont en très-grand nombre.

Nous partîmes le 29 août de très-grand matin, afin de pouvoir arriver vers midi à Larisse, dont nous étions distans de six lieues. Nous fûmes abordés et salués par plusieurs Grecs, et ils sont en général plus complaisans et plus polis, à mesure que l'on s'éloigne de la côte. Il y avait aux deux côtés de la route, et quelquefois au milieu des champs, un grand nombre d'éminences tombales, suite naturelle des batailles et escarmouches fréquentes dont ce pays a été le théâtre, et qui obligeaient à faire de grandes fosses communes. Sur plusieurs de ces éminences on voyait des échafauds et des huttes en feuillage, où reposent ceux qui sont chargés de la garde des champs et des vignes, et qui donnaient au paysage un aspect étranger et original.

De beaux et nombreux troupeaux de moutons paissaient dans les champs déjà moissonnés. Ils avaient presque tous la laine noire, ce qui contrastait fortement avec le sol blanchâtre, et ce que notre janissaire comparait, avec assez de justesse, à des lettres noires sur du papier blanc. Au reste, des connaisseurs anglais ou espagnols trouveraient avec raison toutes ces races grecques fort communes.

Les buffles et les bœufs que nous rencontrâmes, et sur-tout les premiers, étaient extrêmement grands et paraissaient très-forts.

Peu de tems avant notre arrivée, il avait régné dans cette contrée une grande mortalité parmi les bestiaux; et comme les habitans n'avaient pas même eu la précaution d'enterrer les animaux qui en avaient été victimes, nous rencontrions fréquemment sur notre chemin leurs cadavres à demi-rongés, autour desquels se rassemblaient des nuées d'aigles et de vautours blancs.

Près d'une petite église grecque avec une espèce de *pronaos*, je remarquai plusieurs anciens débris, et une inscription insignifiante, mais qui contenait le nom de Larisse, ΓΑΡΕΚΑ.

Nous trouvant, M. Gropius et moi, assez loin en avant de la société, nous arrivâmes vers midi aux portes de Larisse. Comme nous voulions entrer dans la ville, deux jeunes Albanais qui étaient là de garde, nous fermèrent le chemin et nous demandèrent le péage, tel qu'on l'exige des Grecs étrangers. Nous déclarâmes que nous étions Francs, et munis d'un firman comme voyageurs du Sultan (*Mussaphirides*), et que nous n'étions ni sujets au péage, ni disposés à le payer; et comme, sur ces entrefaites, notre domestique arriva, je leur montrai le firman que, pour des cas semblables, il portait toujours dans un étui de fer-blanc, pendu à un cordon de soie.

Bientôt parut aussi M. Fornetti avec son Turc; mais, suivant leur coutume, ils parlèrent avec tant de timidité, que les Albanais en devinrent plus pressans, et saisirent nos chevaux par la bride. J'engageai M. Fornetti, avec un peu d'humeur, à prendre les devants, me chargeant d'arranger l'affaire à moi seul. Là-dessus je descendis de cheval, ainsi que M. Gropius, m'assis près de là sur une pierre, et tirai, comme en jouant, mes pistolets de la poche. Les Albanais continuaient à parler et à invectiver, à quoi je ne répondais autre chose, sinon que je ne paierais pas, et que je leur conseillais en ami de ne pas s'attirer une mauvaise affaire, parce que je saurais à qui me plaindre à Larisse. Voyant qu'ils ne gagnaient rien, ils lâchèrent enfin nos chevaux, et nous demandèrent seulement un cadeau de bonne volonté, mais que nous leur refusâmes également, à cause de la grossièreté qu'ils avaient eue. Aussitôt nous remontâmes à cheval, et ne tardâmes pas à rejoindre les autres.

Après avoir parcouru plusieurs rues, nous rencontrâmes un médecin grec, que M. Fornetti avait connu à Coron, et qui nous indiqua un chan où nous allâmes descendre. Il n'en manque pas dans les grandes villes; mais ils n'ont point d'enseignes, et la seule marque à laquelle on puisse les reconnaître, est une chaîne de fer qui pend au-dessus de la porte par laquelle entrent les chevaux, et qui sert à la fermer la nuit, de crainte que quelqu'un ne soit tenté de partir avec son cheval sans avoir payé son écot. Je fus frappé de la grande quantité de nègres et de négresses qui remplissaient les rues de Larisse, et qui, en nous voyant passer, exprimaient leur surprise avec cette vivacité de mouvemens qui leur est ordinaire, et qui dégénère en caricature.

Les corridors en bois du chan dans lequel nous entrâmes, et qui, régnant extérieurement tout autour de la maison, servaient d'entrée à toutes les chambres, étaient remplis d'une quantité prodigieuse de corbeaux et de corneilles, qui poussaient des croassemens affreux, et s'approchaient de très-près lorsque l'on mangeait; et un grand nombre de chats, d'une plus grande effronterie encore, obligeaient à tenir toujours les fenêtres fermées, si l'on voulait se soustraire à leurs brigandages.

Vers le soir nous eûmes une visite du médecin de Coron. Il nous assura qu'il était impossible de se rendre à Salonique autrement que par la voie de la caravane qui se joint au transport du *chasne*[1] ou argent pour la caisse du Grand-Seigneur, parce que tout le pays entre Larisse et cette ville était infesté par des bandes de voleurs. Il nous avertit en même tems de nous bien garder de sortir de la maison après le cou-

[1] Il est singulier que l'escorte de cet argent ne soit presque jamais assaillie. Il faut que cela provienne de ce que les voleurs craignent en ce cas d'être attaqués comme rebelles par un corps que l'on rassemblerait exprès; au lieu qu'ils peuvent long-tems, sans crainte d'être troublés, exercer leurs brigandages contre les particuliers; car d'ailleurs cette

cher du soleil, vu que les janissaires, au nombre desquels presque tous les habitans turcs se trouvaient inscrits, étaient de la plus grande indiscipline, et avaient déjà commis beaucoup d'excès pour se venger de leur commandant, dont ils étaient mécontens, et qu'on ne manquait pas en conséquence de fermer toutes les boutiques avant la fin du jour, sans en excepter celles des boulangers. Les Francs, ajouta-t-il, étaient sur-tout un objet de haine pour cette horde licencieuse. Peut-être craignit-il lui-même de s'exposer à des persécutions, s'il paraissait avoir des liaisons étroites avec nous, car depuis cette première visite je ne l'ai jamais aperçu.

A peine ce prophète de malheur s'était-il éloigné, qu'un juif de marque parut, accompagné de deux domestiques, et nous annonça qu'il était le receveur des douanes, et qu'il venait visiter notre bagage. Quoiqu'en sa qualité de premier dragoman

escorte ne consiste pour l'ordinaire qu'en deux ou quatre Tartares. L'argent est enfermé dans des sacs, et porté à dos de chevaux ou de mulets. La charge ne doit pas être fort pesante; car le cortège marche très vîte, toujours au trot ou au galop.

d'un consulat français, M. Fornetti ne fût nullement tenu de se soumettre à une visite, il ne fit aucune objection, et tous nos effets furent examinés. D'ailleurs nous n'eûmes point à nous plaindre du receveur; il s'y prit avec politesse, et ne nous demanda point de cadeau.

On pense bien, au reste, que les réglemens des douanes en Turquie ne sont point prohibitifs, et ne font que soumettre à des droits les articles de fabrique étrangère. Les marchands francs étrangers sont infiniment plus favorisés, soit à l'égard de l'importation, soit à celui de l'exportation, que les Grecs, les Arméniens et les Juifs.

Il y a beaucoup de ces derniers à Larisse, parmi lesquels il s'en trouve de riches. Tout un quartier est habité par eux. On trouvera ici la représentation d'une partie de ce quartier, que nous pouvions apercevoir des fenêtres de notre chan. Les boutiques, dont les rangs forment les bazars dans les villes turques, ressemblent à-peu-près à celle de ces deux tailleurs qu'on voit occupés à raccommoder l'habit d'un nègre, tandis que celui-ci les regarde la pipe à la bouche. Ils sont assis sur un siége pareil à celui du café de Volo, et à ceux qu'on trouve en général assez souvent dans les cafés des pays orientaux. Quelquefois on y plante des vignes qui leur servent d'ombrage. A Athènes, tout le bazar est ainsi protégé ; de sorte qu'il forme une espèce d'arcade sous laquelle, tout en jouissant des agrémens du plein air, on se trouve à l'abri des ardeurs du soleil. Chacun a soin d'étendre sur sa place un petit tapis qui lui donne un aspect plus agréable, en même tems qu'il la rend plus commode. Les Juifs portent, conformément à la loi, un turban bleu-noir, quelquefois aussi gris-brun rayé, et des souliers bleus. On sait qu'il y a une couleur assignée à chaque nation qui est sujette au caratch.

Le chien que l'on voit dans la même estampe, est la copie fidèle de ceux que l'on rencontre par troupeaux dans les villes des Osmanlis, et dont l'importunité excite les plaintes de tous les voyageurs. C'est une espèce de chiens de berger, de grandeur moyenne, et dont le poil d'ordinaire est blanc, d'ailleurs sales, décharnés, et presque tous atteints de la gale. Ils errent de tout côté, la tête basse et la queue entre

les jambes. Mais cependant la race n'en est pas mauvaise, et l'on peut s'en convaincre du moment qu'on leur donne quelque soin. Pendant mon séjour à Constantinople, M. Alexandre Stratton, chargé d'affaires d'Angleterre, me montra à sa maison de campagne à Boujoukdère, un de ces chiens qu'il avait pris presque au hasard dans les rues, et qu'il avait fait soigner et élever. Il était grand, fort, plein de courage, et ressemblait parfaitement aux chiens de Terre-Neuve. Il est singulier que ni à Constantinople, ni à Smyrne, ni en général dans tout le Levant, il n'y ait aucun exemple de chiens enragés, ce que du moins les Francs, aussi bien que les gens du pays, m'ont unanimement assuré; et cependant ces animaux y sont sans cesse exposés à toutes les intempéries de l'air, au chaud comme au froid, et ne se nourrissent presque que de charognes.

On trouve encore deux figures au bas de la même estampe : l'habillement, le visage, ainsi que l'attitude, sont caractéristiques. Le janissaire que l'on voit assis, ne porte pas son bonnet uniforme; la coiffure propre à cette milice a été souvent dessinée et décrite. Le Turc en buste, est un canonnier ou *topchi* des troupes régulières, avec son bonnet uniforme.

Les Juifs sont à Larisse les fermiers ou receveurs de plusieurs branches de revenu public, et y jouissent de beaucoup de crédit et d'une grande considération. Un d'eux, nommé Isaac, venait de se bâtir une maison qu'on montrait comme un prodige d'architecture. Ils sont très-habiles dans les professions de tailleurs et de cordonniers. Comme il y a beaucoup de foires en Thessalie, et qu'il s'y fait un commerce considérable, tant intérieur que de transit, on y trouve beaucoup de riches banquiers ou changeurs (*saraph's*).

Larisse est le chef-lieu d'un *mussélimlik*. Un mussélim est inférieur en dignité à un pacha ; il n'est proprement nommé, comme celui-ci, que pour un an, d'un baïram à l'autre, mais souvent confirmé successivement pendant plusieurs années. Néanmoins celui de Larisse jouit dans la réalité de très-peu de pouvoir, parce que les riches beys de la ville, et à leur tête Abdin-Bey, ont attiré à eux toute l'autorité et la véritable domination, ne laissant d'ordinaire à l'officier préposé par la Porte que l'administration de la justice; d'où il résulte que celui-ci a peu de moyens pour maintenir la tranquillité tant intérieure qu'extérieure de la ville, tandis que de leur côté, les beys ne s'en inquiètent guères, et travaillent plutôt quelquefois eux-mêmes à semer le trouble et l'anarchie, lorsqu'ils croient y trouver leur compte.

Pour surcroît de malheur, l'infatigable pacha de Janina, Visir-Ali, ne cesse de fomenter le désordre et d'entretenir la fermentation parmi les Thessaliens, dans la vue de se rendre indispensable à la Porte, et de s'en faire envisager comme le seul protecteur de la Romélie. S'étant vu enlever depuis peu le gouvernement de Triccala, qui comprend l'ancienne Trica avec le territoire qui l'environnait, il suscite sous main des bandes de vagabonds, auxquels il donne de l'appui; de sorte que l'on ne peut, sans danger, s'éloigner de Larisse d'une demi-lieue [1].

[1] Et effectivement il a atteint son but; car comme je me trouvais à Janina, cinq mois plus tard, une

On pourrait en quelque sorte aujourd'hui appliquer encore une fois à la Thessalie la description qu'en fait Tite-Live[1]. Lorsque T. Q. Flaminius voulut retourner en Italie, il essaya auparavant de remettre de l'ordre dans les affaires intérieures du pays : « Il « se rendit d'Eubée à Démétrias, et de là « plus loin jusqu'en Thessalie. Ici il ne s'a- « gissait pas seulement de délivrer les « villes de leurs tyrans; il était nécessaire « en outre, dans l'étrange confusion où se « trouvaient les peuples et leurs constitu- « tions, d'y établir un ordre quelconque. « Et ce n'était pas seulement la main des- « tructrice du tems, ou le despotisme de « Philippe de Macédoine, dont ils avaient « quelque tems porté le joug, qui avait « jeté toutes leurs affaires dans un cahos si « difficile à débrouiller, mais plutôt en- « core le caractère turbulent de la nation, « qui jamais ne tenait de conseil ni d'as- « semblée, ni ne procédait à l'élection de « magistrats, et qui depuis ce tems-là jus-

décharge d'artillerie annonça qu'il venait d'être nommé une seconde fois au gouvernement de Triccala

[1] Liv. IV, déc. 4.

« qu'à celui où nous sommes, n'est pas « sortie un instant de l'état de mutinerie et « de rébellion. »

M. de Pauw qui, malgré les nombreux paradoxes de ses *Recherches philosophiques sur les Grecs*, a jeté néanmoins partout un coup-d'œil perçant et lumineux, et qui, sans avoir jamais vu le pays, de beaucoup de descriptions locales, quelquefois pleinement contradictoires et fondées sur des autorités à-peu-près égales, a su en plusieurs occasions choisir et démêler la plus juste, commente avec une grande sagacité ce passage de Tite-Live.

Le même M. de Pauw compte dans sa préface quatre nations de la Grèce qui jamais ne contribuèrent ni aux progrès d'aucune science, ni au développement d'aucun art; et à côté des Lacédémoniens, des Arcadiens et des Etoliens, il donne aux Thessaliens le troisième rang. « Le peuple de « Thessalie ne brûla jamais le moindre en- « cens dans le temple du génie, ni sur « l'autel des arts. Il habitait une terre fer- « tile et tellement protégée par une chaîne « de hautes montagnes, qu'il eût été facile « d'en éloigner la discorde et d'y entrete-

« nir la tranquillité la plus profonde. Mais « ces belles vallées, qui semblaient être « faites pour devenir le séjour de la paix, « furent le centre même de la division po- « litique. »

Et de là vient que les sciences et les arts, toujours amis de la paix, ne purent se fixer dans une province où la guerre exerça perpétuellement ses ravages; car cela ne tenait point à l'espèce des hommes qui l'habitaient, et nous en avons la preuve dans les diverses colonies qu'ils fondèrent; telle, par exemple, que Magnésie sur le Méandre, où Strabon fait mention d'un orateur, Hégésias, d'un poëte lyrique, Simon, d'un gladiateur, Kléomaque, et d'un joueur de luth, Anaxénor, à qui Antoine assigna les revenus de quatre villes, et permit d'entretenir une garde. Sans doute que ces hommes cités par Strabon furent, pour la plupart, des corrupteurs du bon goût; mais pour cela même, il faut encore posséder quelque talent. Entre les artistes, je ne citerai que le sculpteur Bathyclès, à qui l'on dut le trône d'Apollon Amicléen, et qui était également de Magnésie; beaucoup de ses compatriotes l'accompagnèrent et l'ai-

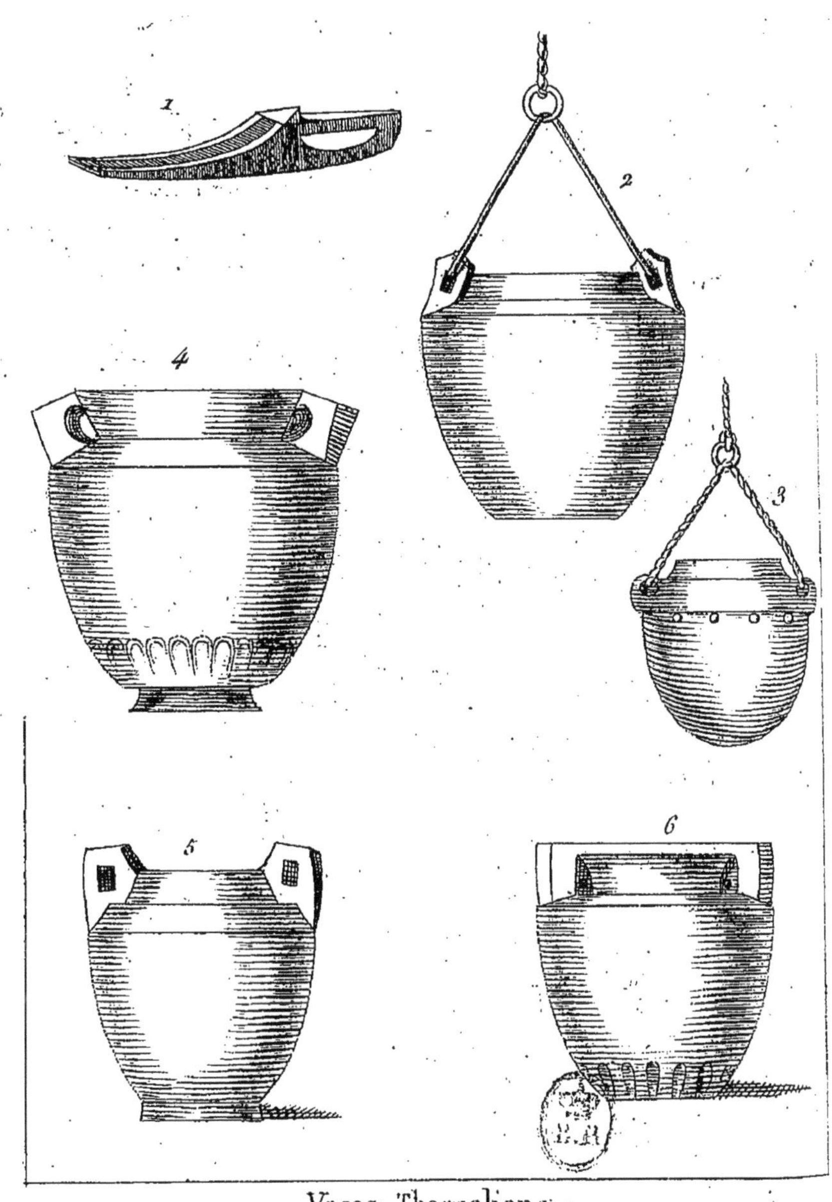

Vases Thessaliens.

1. *Cuillere ou Puisoir pour vuider l'eau des Caïes.*

2. *et* 3. *Seau pour tirer l'eau des puits.*

4. 5 *et* 6 *Vases dont les Femmes ont coutûme de se servir pour puiser de l'eau et qu'elles portent sur leur tête.*

dèrent dans la confection de cet ouvrage si célèbre. Aussi les y représenta-t-il exécutant les danses nationales de leur pays. Le jeune Anacharsis en décrit plusieurs dans son excursion en Thessalie, et en général l'auteur s'est appliqué à rassembler beaucoup de détails sur cette province.

L'on trouvera ici le dessin de différens ustensiles dont on se sert en Thessalie, et qui prouvent que le goût des belles formes ne s'y est point altéré. Ils sont tous en bois, d'une seule pièce, et il n'y a que le fond d'ajouté.

Le 30 août au matin, nous sortîmes de notre chan pour prendre une idée de la ville. Elle est habitée principalement par des Turcs, et nous y comptâmes vingt-deux minarets. On nous évalua la population à environ 25,000 ames; M. Beaujour n'en compte qu'environ 20,000. La ville de Larisse, comme presque toutes celles du Levant, est bâtie en bois; et les rues, au quartier des bazars près, y sont sales, étroites et mal alignées. Ceux-là, en revanche, sont d'une longueur considérable, et mieux fournis de marchandises en tout genre, que les bazars des autres villes de la Grèce, si l'on en excepte ceux de Janina et de Salonique ; ce qui doit s'attribuer principalement au grand nombre de foires de la Thessalie.

Les Thessaliens d'aujourd'hui ont conservé de leurs devanciers le goût d'une parure élégante, et l'on est frappé, au premier coup-d'œil, de la recherche de leur toilette. Cette coquetterie s'explique bientôt, à leur honte, pour celui qui fait quelque séjour parmi eux, et l'on ne tarde pas à en trouver le principe dans cette dégénération du penchant naturel si commune parmi les Turcs, et dont j'ai parlé plus haut dans le chapitre que j'ai consacré aux Grecs modernes.

L'air de Larisse, comme de tous les lieux de la Grèce où les eaux abondent, engendre beaucoup de fièvres, et je fus frappé du grand nombre d'habitans qui avaient le teint jaune et l'apparence d'une mauvaise santé. Lorsque nous traversâmes les bazars, plusieurs voix nous crièrent : *frenk iatro !* médecin franc ! et implorèrent le secours de notre art. Quelques femmes allèrent même jusqu'à nous saisir par l'habit, et nous ne pûmes sur-tout persuader à une couple de négresses, qu'on pouvait être Franc et porter un chapeau, sans posséder de grandes connaissances en médecine. Je pense que mes lunettes les confirmaient encore dans cette opinion. Elles accouraient à nous les bras levés pour se faire tâter le pouls, et se montrèrent très-irritées de notre refus, qu'elles s'obstinèrent à prendre pour de la mauvaise volonté. De tous côtés on nous accablait d'injures; c'était la scène de Sganarelle. Je pensais à Athénée [1], qui observe que l'on dit un sophisme thessalien, pour exprimer une injure grossière, et je réfléchissais déjà au parti que j'aurais à prendre, si ces importunités devenaient plus sérieuses. Les voyageurs n'ont qu'une voix sur le pitoyable état de la médecine dans le Levant, et l'on sait que le comte de Saint-Priest, ambassadeur de France à Constantinople, comptait parmi les plus terribles fléaux de ce pays, la peste, les incendies, les médecins et les dragomans.

Le marché aux vivres était parfaitement bien fourni à Larisse. On y voyait étalé de la viande de boucherie excellente, tant

[1] Liv. 1, chap. 9.

bœuf que mouton, des poissons d'espèces très-variées, que fournit le Pénée en très-grande abondance, et sur-tout des anguilles ; des herbes, des légumes très-délicats, et des fruits d'une saveur admirable. Je préfère les melons de Larisse à ceux de Thèbes, quoique ces derniers soient plus estimés en Romélie, et je ne les fais céder qu'à ceux de Kassaba, dans l'Asie Mineure.

Placés dans un pays si fertile et au milieu d'une si grande abondance des objets les plus délicats de la vie, il n'est pas étonnant que les Thessaliens fussent adonnés aux plaisirs de la table. « Quant à moi, » dit Alexis à Athènes [1], « je prendrai deux « cuisiniers, et les plus habiles que je pour-« rai trouver dans la ville; car quand on « donne à dîner à un Thessalien, il ne s'agit « pas seulement, comme c'est la coutume « à Athènes, de servir assez de mets pour « appaiser la faim, mais il faut charger la « table de ce qu'il y a de plus délicat. »

Dans le voisinage de notre chan, vers le milieu de la ville, on voit une tour de bois avec une horloge, qui existe, selon Pococke,

[1] Athénée, liv. IV, c. 6.

depuis le tems où les chrétiens étaient maîtres du pays, et qu'il donne pour la seule qu'il y ait dans toute la Turquie. Mais il se trompe, quoiqu'effectivement elles y soient très-rares; car à Pharsale, qu'il ne connaissait pas, il y a également une tour avec une horloge, dans la cour d'un chan, qui en a pris le nom de *chan de l'horloge*.

Les Turcs divisent le tems d'après les cinq prières qu'ils doivent faire tous les jours, et que le *muezzin* annonce du haut des minarets. Cependant il se fait en Turquie un grand débit de montres des états chrétiens. M. Félix Beaujour prétend que les Anglais seuls en importent tous les ans onze cent soixante douzaines.

Je fis avec M. Gropius une promenade hors de la ville du côté du fleuve. En sortant de la porte on voit à gauche une mosquée, à laquelle on arrive en montant plusieurs degrés, et d'où la vue est magnifique. On remarque dans le bâtiment des fûts de colonnes antiques, dont plusieurs sont d'un marbre très-précieux.

Il y a ici sur le Pénée un pont de pierre, composé de dix arches, dont l'effet est des plus agréables. Quoiqu'il n'eût pas plu depuis long-tems, les eaux de ce fleuve avaient une teinte jaunâtre, et n'étaient certainement rien moins que *transparentes*. On le nomme simplement le *fleuve de Larisse*, quelquefois aussi *Salambria*, comme Mélétio l'a déjà observé dans sa géographie. Dans l'Alexiade d'Anne Comnène, il porte le nom de *Syllabria*.

Si l'on passe le pont, on rencontre une double allée de vieux ormeaux, qui s'étend assez loin sur la grande route. C'est la seule allée régulière et où l'on n'ait eu que l'agrément en vue, que j'aie jamais rencontrée en aucun lieu public de la Grèce. Elles sont même rares dans les jardins clos, et c'est pour cela qu'à Chio, dans une maison de campagne, on me montra, comme quelque chose de très-digne de remarque, une allée de cyprès auxquels on avait coupé la couronne. Elles sont devenues plus communes, par le moyen des Francs, à Constantinople et à Smyrne. Près de cette dernière ville, dans la maison de campagne de MM. Duveluz et Usko, on en voit une dont les cyprès se distinguent par leur beauté, et dans laquelle j'ai fait souvent des promenades bien agréables, dans la société des propriétaires et de leurs aimables femmes.

A la droite des ormeaux de Larisse est un petit parc sauvage, entrecoupé d'allées étroites, ce qui n'est pas moins rare dans ces pays. En quelques endroits on voit des vignes, qui semblent avoir été originairement plantées avec soin, mais qui négligées depuis, sont devenues sauvages. Plusieurs étaient chargées de raisins, qui, malgré le défaut de culture, avaient conservé un goût très-délicat. Il y avait aussi çà et là des cognassiers richement chargés.

En retournant à la ville, nous aperçûmes différens feux que l'on avait allumés en plein champ. Nous nous en approchâmes, et trouvâmes des Bohémiens à l'ouvrage et fabriquant des boîtes. Ils exercent aussi le métier de forgerons. Les enfans couraient tout nuds, et même des filles déjà assez grandes vinrent en cet état nous demander l'aumône. Ici, comme par-tout, les femmes de cette nation font profession de dire la bonne aventure. Il y a à Larisse un grand nombre de ces Bohémiens, qui habitent un misérable faubourg. Les Turcs les nomment *Gifti's*, ce qui vient peut-être d'*E-*

gyptien. De même que plusieurs armées de l'Europe ont des nègres dans leurs corps de musique, les Turcs en font autant des Gifti's. Le Woïwode d'Athènes en avait un grand nombre qui, toutes les après-midi, à l'heure de la prière, faisaient de la musique au haut de l'Acropolis.

Dans différens cimetières près de Larisse, on trouve une grande quantité d'anciennes pierres et de cippes, souvent ornés de bas-reliefs représentant soit des cavaliers, soit des guerriers armés de toutes pièces, dont plusieurs tiennent leurs chevaux par la bride. Mais je n'ai pas rencontré une seule inscription qui me parût digne de remarque. Un jour que, seul avec M. Gropius, nous nous préparions à en copier quelques-unes, nous fûmes tout-à-coup assaillis par un essaim de petits polissons turcs et nègres, qui nous lancèrent une grêle de pierres. Nous nous armâmes de la même manière, et nous défendîmes de notre mieux, mais il eût bien fallu céder au nombre, s'il n'était survenu quelques Turcs, auxquels je déclarai que si ces enfans ne nous laissaient tranquilles, je ferais feu de mes pistolets sur le premier qui me tomberait sous la main ; sur quoi ils dissipèrent cette canaille.

Nous sommes très-disposés à nous plaindre amèrement des scènes de ce genre, et à nous récrier sur la barbarie des Turcs, qui ne savent pas respecter nos savantes opérations. Mais voudrions-nous répondre que la même chose n'arrivât pas chez nous, si une couple de Turcs survenant à l'improviste dans un village ou dans une petite ville, se rendaient aussitôt dans le cimetière pour y fouiller parmi les tombeaux.

On ferait sans doute beaucoup mieux, dans le Levant, de ne jamais sortir pour de semblables expéditions, sans être accompagné d'un Turc. Mais comme ceux-ci ne détestent rien tant que les promenades, ils entassent difficultés sur difficultés pour en détourner les voyageurs ; ou si cependant, à leur grand regret, on les y entraîne, ils ne cessent de témoigner leur impatience de la manière la plus désagréable.

La ville actuelle de Larisse paraît située précisément à la même place où se trouvait l'ancienne, sur la rive droite du Pénée.

Toutes les distances assignées par les géographes, soit par rapport à Tempé, soit par rapport à d'autres lieux, s'accordent parfaitement avec cette opinion, que viennent encore appuyer les fragmens de l'antiquité qu'on y trouve épars en assez grand nombre. On nous a bien fait mention des ruines de Sabaschlar, à trois lieues au-delà de Larisse, en s'éloignant de la mer, et qui, dit-on, portent aussi le nom de Paléo-Larisse; mais elles sont à plus d'une lieue du Pénée, ce qui suffit pour détruire toute conjecture que l'on voudrait tirer de cette identité de nom. Au reste je n'ai pu les voir par moi-même; mais d'après toutes les informations que j'ai pu prendre, je suis autorisé à ne pas douter qu'elles ne soient entièrement dénuées d'intérêt.

GUERRE D'ALI-PACHA

CONTRE LES SOULIOTES.

Ayant eu occasion d'avoir, par moi-même et sur les lieux, des détails authentiques sur la chute de Souly, j'ai pensé qu'ils auraient plus d'intérêt pour le lecteur, s'il avait auparavant quelque connaissance des premières tentatives d'Ali-Pacha contre cette courageuse peuplade; et je n'ai trouvé rien de plus propre à lui donner ces notions préliminaires, que le morceau suivant, extrait de l'ouvrage de l'Anglais Eton, intitulé : *Survey of the Turkish Empire*. L'auteur n'y parle pas lui-même; il fait parler la personne qui lui sert d'autorité :

« En 1792, me trouvant au service de France, en qualité d'interprète, le consul français m'envoya en commission auprès d'Ali-Pacha, à Janina, capitale de l'Epire.

J'y arrivai le 1.er de mai, et trouvai le pacha occupé à faire de très-grands préparatifs de guerre. J'y rencontrai aussi le consul français de Prévèse, M. de la Sala, descendant de ces Sala qui livrèrent la Morée aux Turcs, lorsqu'elle était au pouvoir des Vénitiens, et qui était employé comme commissaire en Epire, non-seulement pour en tirer des bois de construction pour la flotte française, mais encore pour travailler sous main à opérer le soulèvement de cette province. Il me fit confidence de ses instructions à cet égard, et me donna à entendre que j'avais de très-grandes récompenses à espérer, si je me montrais disposé à le seconder dans ses projets. Un jour que nous étions chez Ali-Pacha, et que nous nous entretenions avec lui de la révolution française, matière dont M. de la Sala faisait le plus souvent possible l'objet de ces sortes de conversations, afin d'en tirer l'occasion de pousser l'ambitieux Ali à secouer le joug de la Porte : « Vous verrez, » nous dit celui-ci en confidence, « que, successeur de Pyr-« rhus, Ali-Pacha saura le surpasser dans « tous les genres d'entreprise. »

Cependant le pacha continuait à lever des troupes, sans nous donner connaissance de ses projets. Au mois de juillet, son armée était composée de vingt mille bons soldats mahométans, d'autant plus redoutables qu'ils étaient tous Albanais. Alors il déclara que son intention était d'attaquer la ville musulmane d'Argirocastro, distante de vingt milles d'Allemagne de Janina, et qui refusait de se laisser gouverner par la personne qu'il y avait envoyée.

Sous ce prétexte, il écrivit aux capitaines Bogia et Giavella, deux des chefs les plus renommés de cette peuplade grecque qui habite la montagne de Souly, et les pria de venir au-devant de lui avec tous leurs soldats et leurs compagnons, afin de l'aider dans son expédition. Sa lettre était en grec moderne, et conçue littéralement en ces termes :

« Mes amis, les capitaines Bogia et Gia-« vella; moi, Ali-Pacha, je vous salue, et « vous baise les yeux, car je connais votre « courage et vos ames héroïques. Il se pré-« sente une occasion où vous m'êtes in-« dispensables; c'est pourquoi, je vous en « conjure, dès que vous recevrez cette

« lettre, rassemblez tous vos héros, et joi-
« gnez-vous à moi, afin que je puisse vain-
« cre mes ennemis. Voici l'heure et le
« moment où j'ai besoin de vous. J'espère
« que vous me ferez connaître l'attache-
« ment que vous me portez. Votre solde
« sera double de celle que je donne aux
« Albanais, sachant que votre courage est
« plus grand que le leur ; c'est pourquoi je
« ne veux pas marcher à l'ennemi que
« vous ne soyez arrivés ; et j'espère que
« vous ne tarderez pas. Ceci n'étant qu'à
« cette fin, je vous salue. »

J'étais présent lorsque le secrétaire grec du pacha écrivit cette lettre, et j'en pris copie sans difficulté, parce que ni lui ni moi n'y soupçonnions de mystère.

Ali-pacha est un Albanais, fils de Véli-Pacha, qui gouvernait une partie de l'Albanie : quoique Mahométan, il entend peu le turc, et ne parle que le grec et l'albanais. Ce dernier dialecte est un mélange de slavon, de turc, de grec et de quelques mots d'ancien français, mais qui n'en reste pas moins complètement inintelligible pour celui même à qui toutes ces langues sont familières.

A la réception de cette lettre, les chefs des Souliotes tinrent conseil avec leurs gens; et le capitaine Bogia, ainsi que la plupart des soldats, furent d'avis que ce n'était qu'un artifice pour s'assurer d'eux, et se rendre maître de leur montagne. En conséquence, celui-ci écrivit au pacha, qu'il avait reçu sa lettre avec respect et soumission, et que lui-même était disposé à obéir à ses ordres; mais que n'ayant pu y déterminer ses soldats, il avait jugé inutile de se rendre auprès de lui de sa seule personne.

Le capitaine Giavella, au contraire, ou ébloui par son ambition, ou gagné par les présens du pacha, se rendit à la sommation, et rejoignit l'armée albanaise, n'amenant d'ailleurs que soixante-dix des siens. Il fut reçu avec les plus grandes démonstrations de joie. Ali s'avança, avec son armée, à quatre milles sur la route d'Argirocastro, et là il lui fit faire halte; mais il envoya contre la ville un avant-poste de quatre cents hommes, sous les ordres d'un buluk-baschi; et les habitans ayant fait une sortie, il s'ensuivit une escarmouche. Dès-lors, pleinement convaincus des intentions du pacha, Giavella et ses gens ne conservèrent plus de soupçons ; mais, six jours après, ils furent saisis au moment où ils s'y attendaient le moins, et chargés de fers, à l'exception de trois, qui se défendirent en désespérés jusqu'à ce qu'ils tombassent percés de coups. Les soldats furent menés à Janina, où on les renferma dans la petite île du lac Achérusia, sur le bord duquel Janina est située ; pour Giavella, le pacha le laissa en arrière dans le camp.

Là-dessus, il dirigea sa marche immédatement contre Souly, et arriva le lendemain au pied de la montagne. Il y avait déjà six heures que les Souliotes, qui sont toujours sur leurs gardes, étaient instruits de son approche et du sort de leurs compatriotes. Ils se rassemblèrent, et déférèrent le commandement au capitaine Bogia, dont ils connaissaient l'habileté.

La montagne de *Souly* ou de *Caco-Souly*, ainsi nommée du désastre que les Turcs y éprouvèrent, est située à huit milles d'Allemagne de Saint-Maure, la Leucate des anciens dans la mer Ionienne ; à une égale distance au nord-ouest d'Arta, à douze milles à l'ouest de Janina, et à dix milles au nord-est de Prévèse, l'ancienne Nicopolis.

Elle est bornée au sud par les montagnes de la Chimœre, habitées par des chrétiens grecs, indépendans, et alliés des Souliotes. Vers l'est, au pied de la montagne, est une belle plaine, très-fertile, d'environ six milles carrés, dans laquelle ils ont bâti quatre villages, d'où ils cultivent les terres environnantes. Comme il n'y a point de source dans cette plaine, ils ont pratiqué des citernes ou réservoirs pour recevoir l'eau de la pluie. La montagne est une forteresse que la nature a pris soin de former, et dont trois côtés sont entièrement à pic. On donne à la pointe de la montagne le nom de *Tripa*, qui signifie caverne. On n'y monte que par un chemin étroit et escarpé, défendu par trois tours, distantes d'environ un mille l'une de l'autre, et qu'on a eu soin de placer sur les points les plus inaccessibles de la hauteur. Ce chemin peut avoir trois milles de long. Au bout du premier mille, on rencontre un village nommé *Kapha*, ce qui signifie pointe ou sommet.

Du côté des montagnes de la Chimœre, il y a un petit ruisseau, formé par la fonte des neiges, et où, en cas de nécessité, les habitans de Souly puisent de l'eau, en y descendant des éponges, le roc étant trop inégal pour qu'on puisse y descendre des seaux ou autres vases quelconques. Protégée par les hauteurs de la montagne, cette eau ne saurait être coupée par les Turcs.

Le capitaine Bogia commença par donner l'ordre, qui fut exécuté sur-le-champ, que des quatre villages de la plaine, on transportât à Tripa du blé pour six mois; après quoi ils furent évacués. Une moitié des habitans se retira à Kapha, et l'autre à Tripa, leur dernier asyle. Il fit jeter de la chaux et d'autres saletés dans les citernes, pour empêcher les Turcs de profiter de ces eaux.

Les pachas allèrent s'établir dans les villages, et cernèrent la montagne à une certaine distance, afin d'empêcher que les Chimariotes n'y envoyassent des secours de troupes, et qu'on n'y reçût des munitions de guerre de Saint-Maure ou de Prévèse, d'où les Souliotes avaient coutume de tirer leur approvisionnement. Le principal corps d'armée, qui prit poste dans ces villages, était commandé par le pacha en personne; celui du côté de Chimœre, par son fils Mouctar, pacha d'Arta (à deux queues), et le capitaine Prognio, chef des Albanais de Paramathie; du côté de Prévèse, commandait Mahmed-Bey avec Osman-Bey, son frère; et le corps du côté d'Arta, était sous les ordres de Soliman Ciapar, autre chef de cette même ville albanaise de Paramathie. Celui-ci était un homme de quatre-vingt cinq ans, d'une taille superbe et gigantesque, qui n'avait d'autre signe de vieillesse qu'une barbe blanche comme de la neige; il était accompagné de onze fils, de trente jusqu'à soixante ans, tous distingués comme leur père par l'élévation de leur taille, tous doués comme lui d'un courage héroïque et d'une force prodigieuse. Ils se plaçaient toujours près l'un de l'autre à la guerre, l'usage étant général parmi ces peuples, que des parens se tiennent ensemble dans les combats, afin que, si l'un d'eux vient à tomber, les autres puissent lui servir de vengeurs. Ceux qui ont le plus grand nombre de parens forment les familles les plus puissantes ; mais c'est aux chefs des familles les plus distinguées que l'on défère le commandement.

Voici quelques particularités sur ces Albanais paramathiéns. Leur chef-lieu est situé à douze milles de Janina ; ils occupent un territoire de douze milles de circuit, et peuvent mettre sur pied jusqu'à vingt mille hommes. Leur pays est si montueux et tellement inaccessible, qu'ils n'ont jamais été asservis par les Turcs. Ils ignorent comment ils sont devenus Musulmans ; quelques-uns d'entr'eux prétendent que lorsque les Turcs portèrent pour la première fois leurs armes dans ces contrées, ils leur accordèrent la paix à condition qu'ils embrasseraient la religion de Mahomet, sans prétendre d'ailleurs attenter à leur indépendance. Ils parlent grec et ne savent aucune autre langue ; ils considèrent les Turcs, aussi bien que les autres Albanais, comme une race efféminée pour laquelle ils professent le plus grand mépris. Ils n'ont aucune forme de gouvernement établie, et chaque clan, c'est-à-dire famille ou parenté, a sa propre juridiction. Les clans les plus nombreux ont aussi la plus grande influence sur les affaires publiques du pays. Chacun se garde, autant que possible, de tuer un individu d'une autre tribu; car les parens seraient tenus de venger sa mort, et l'effusion du sang ne saurait plus cesser qu'un des deux clans n'eût été exterminé.

Dès qu'ils sortent de chez eux, ils prennent leur fusil, qu'ils ne déposent jamais; et même chez eux ils ont toujours des pistolets à la ceinture; la nuit ils les placent sous leur chevet, et leur fusil à côté d'eux. Cette précaution s'observe dans toutes ces contrées, excepté à Janina. Il y a aussi parmi les Paramathiens un nombre considérable de chrétiens grecs, qui vivent tous de la même manière que les autres. Ceux qui sont Mahométans n'ont qu'une très-faible connaissance de leur religion, ou s'en mettent très-peu en peine; leurs femmes ne sont point voilées; ils boivent du vin, et ne font aucune difficulté de contracter des mariages avec les chrétiens. Ils s'abstiennent à la vérité de manger de la chair de porc; mais si l'homme et la femme sont de religion différente, ils ne se font pas le moindre scrupule de préparer dans la même marmite un morceau de mouton et un morceau de cochon.

Tout étranger, quel qu'il soit, Turc, Européen, Grec ou autre, qui s'avise de passer par leur territoire, ou qui a le malheur de tomber entre leurs mains, est vendu en marché public.

Et néanmoins celui qui, pendant son séjour dans les contrées voisines, saurait s'assurer la protection d'un Paramathien et en obtiendrait un sauf-conduit, pourrait parcourir tranquillement leurs montagnes, sûr même de recevoir par-tout l'accueil le plus hospitalier.

Revenons à l'expédition du pacha. Deux jours après qu'il eut fait camper son armée dans les plaines de Souly, il fit amener devant lui le capitaine Giavella, et lui offrit non-seulement sa liberté, mais même de le faire buluk-baschi de la province, s'il voulait lui prêter son secours pour se rendre maître de la montagne. Giavella lui répondit que du moment qu'il serait libre, il était prêt à se rendre sur la montagne, et qu'il se faisait fort de déterminer son parti, c'est-à-dire la plus forte moitié des habitans, à se soumettre à lui et à prendre les armes contre Bogia; que par ce moyen il pourrait introduire à Tripa les troupes du pacha, tandis que le parti contraire s'estimerait heureux d'obtenir la paix sans combattre. Là-dessus le pacha lui demanda quelle garantie il prétendait lui donner de l'accomplissement de sa promesse: « Mon « fils unique, âgé de douze ans, » lui ré- « pondit Giavella, « que je te livrerai en « otage, qui m'est plus cher que ma propre « vie, et que tu peux faire périr si je viens « à te tromper. » En conséquence, Giavella appela son fils et le fit descendre de la montagne; mais dès qu'il y fut parvenu lui-même, il écrivit au pacha une lettre ainsi conçue:

« Ali Pacha, je me réjouis d'avoir trompé « un perfide. Je suis maintenant ici pour « défendre ma patrie contre un brigand. « Mon fils périra; mais avant de succom- « ber, je le vengerai. On me traitera de « père dénaturé, pour avoir sacrifié mon « fils à ma propre sûreté; mais je puis ré- « pondre à cela, que si tu parvenais à esca- « lader la montagne, il n'en périrait pas « moins avec tout le reste de ma famille,

« et que je n'eusse pas été là pour le ven-
« ger. Sommes-nous vainqueurs, je puis « avoir d'autres enfans : ma femme est « jeune encore ; mais si mon fils, tout « jeune qu'il est, ne sait pas mourir avec « joie pour l'avantage de son pays, il ne « mérite pas de vivre, ni que je le recon- « naisse pour mon fils. Viens donc, traître ! « je brûle de me venger, et suis ton irré- « conciliable ennemi.

« Le capitaine GIAVELLA.

Le pacha ne jugea pas à propos d'immoler sur-le-champ le jeune Giavella à sa fureur, et il l'envoya à Janina, auprès de son fils Véli-Pacha, qui gouvernait en son absence. Je me trouvais avec lui lorsqu'on lui amena cet enfant ; il répondit à toutes les questions qui lui furent faites, avec une présence d'esprit et une audace qui frappèrent tout le monde d'admiration. Véli-Pacha lui dit qu'il n'attendait que l'ordre de son père pour le faire rôtir à petit feu. Je ne te crains pas, lui répondit l'enfant ; mon père en usera de même envers ton père ou ton frère, s'il peut les faire prisonniers. Il fut jeté dans un cachot, au pain et à l'eau.

Là-dessus, le pacha ayant fait une attaque sur le village de Kapha, fut repoussé avec grande perte à trois différentes reprises; mais comme les Souliotes n'avaient que neuf cents hommes à Tripa, le capitaine Bogia considérant la disproportion des forces, résolut d'abandonner la première de ces positions, dont alors les Albanais s'emparèrent à la première attaque, non sans faire encore une perte considérable, les Souliotes pouvant, du haut des rochers, faire feu sur eux à couvert.

Cependant les troupes du pacha souffraient beaucoup de la disette d'eau. Il fallait en faire apporter sur des chevaux, d'une distance de six milles, vu que tous ceux qui tentaient d'en aller puiser dans le ruisseau qui coule au pied de la hauteur, s'ils ne tombaient sous le feu de ces infatigables montagnards, ne pouvaient échapper aux pierres que les femmes faisaient rouler sur leurs têtes. Bientôt les soldats commencèrent à se mutiner, et le pacha se détermina à livrer un assaut sur Tripa. Il assembla, en conséquence, ses principaux officiers, et fit choix de huit cents Albanais qu'il convoqua dans sa tente. Là il leur montra son trésor, consistant en ducats de Venise, qu'il promit de partager entr'eux s'ils parvenaient à se rendre maîtres de Tripa; sans compter qu'il leur abandonnerait les immenses richesses qu'on savait y être renfermées.

Le lendemain, les huit cents Albanais se mirent en marche, sous les ordres de Mehmet-Bey; dans le corps principal se trouvaient deux fils de Soliman Ciapar; et dans l'arrière-garde, le capitaine Prognio. Ils jurèrent, en tirant leurs sabres, de ne les remettre dans le fourreau qu'après avoir exterminé leurs ennemis.

Le capitaine Bogia laissa quatre cents hommes dans Tripa, et en plaça autant en embuscade dans la forêt, à chaque côté du chemin, avec ordre de ne se montrer qu'à un signal convenu de la seconde tour, dans laquelle il s'enferma lui-même avec soixante hommes, et d'où, par le moyen de signaux, il dirigeait tous les mouvemens. Giavella voulant être tout entier à la vengeance, se plaça comme simple soldat dans le corps qui était embusqué dans la forêt, et dont le commandement fut donné à Démétrius, fils de Bogia.

La tête de la colonne albanaise s'avança donc sans trouver de résistance, jusqu'à la seconde tour, qu'elle cerna, sommant Bogia de se rendre; à quoi il répondit qu'il ne pouvait se fier à eux, mais qu'il était prêt à se rendre au capitaine Prognio, dès que celui-ci paraîtrait. Là-dessus ils poursuivirent leur marche vers Tripa, le laissant derrière eux comme un prisonnier qui ne pouvait leur échapper.

Cependant l'armée du pacha remarquant les progrès de la colonne albanaise, et qu'elle s'avançait ainsi sans obstacle jusqu'au sommet de la montagne, craignit de perdre sa part du butin; et sortant précipitamment du camp, courut à la montagne en poussant des cris de victoire. Alors Bogia voyant que l'ennemi, fort d'environ quatre mille hommes, s'approchait de la troisième tour, peu distante de Tripa, fit sonner une cloche pour signal de l'attaque ou plutôt du massacre général, l'embuscade coupant toute retraite aux soldats d'Ali. Ceux-ci se virent donc exposés de toutes parts au feu des Souliotes, que protégeaient les arbres et les rochers ; tandis que de la seconde tour, Bcgia causait parmi eux les plus grands ravages, et que du sommet des hauteurs les femmes faisaient rouler sur leurs têtes des pierres que toujours on tenait entassées à cette fin. Ils se défendirent avec la plus grande opiniâtreté ; mais nonobstant toute résistance, ils furent taillés en pièces, à l'exception de cent quarante qui se rendirent prisonniers, au nombre desquels se trouvait, outre beaucoup d'officiers, un fils de Soliman Ciapar. Les Souliotes eurent cinquante-sept hommes tués et vingt-sept blessés. Giavella se trouva parmi les premiers. Après que, de son embuscade, il eut abattu un grand nombre d'ennemis, il fit une sortie avec quelques-uns des siens, toujours brûlant de venger la mort présumée de son fils, et décidé à combattre jusqu'à ce qu'il ne restât plus un ennemi, ou qu'il eût succombé lui-même ; et après avoir fait une horrible boucherie des soldats d'Ali, se précipitant avec un courage désespéré au milieu de leurs rangs les plus épais, il tomba couvert de blessures, et entouré d'un monceau de ses victimes.

Les cadavres que du haut des rochers on jeta dans le camp des Turcs, semèrent une telle épouvante dans le reste de l'armée, qu'abandonnant le pacha, elle s'enfuit précipitamment vers Janina. Bogia ne manqua pas de profiter encore de ce désordre, et détacha deux cents hommes qui, prenant les ennemis à dos, en firent de nouveau périr un grand nombre. Le pacha lui-même n'échappa qu'à grand'peine, et ce ne fut qu'après avoir couru beaucoup de dangers, qu'à l'aide de la vîtesse de ses chevaux, il parvint à gagner Janina. Bagages, munitions, armes, provisions de bouche, tout tomba entre les mains des Souliotes, et entr'autres, quatre canons qu'ils regardèrent comme une grande conquête, et qu'ils transportèrent à Tripa.

L'autre corps, situé du côté de Prévèse, d'Arta et de Chimœre, suivit l'exemple du corps principal, et rejoignit Janina en grande hâte. Leur frayeur était si grande, qu'ils ne prirent aucun repos qu'ils n'eussent gagné les portes de la ville, se croyant toujours poursuivis par les Souliotes.

En même tems la communication s'étant rouverte avec les Chimariotes, l'armée de

Souly se renforça tellement en deux jours, qu'elle se trouva en mesure d'offrir la bataille au pacha. Ils marchèrent contre une de ses maisons de campagne près de Janina, s'en emparèrent, et de là lui expédièrent une lettre, avec menace de le faire prisonnier dans son harem. Ils poursuivirent les Paramathiens jusque dans leur propre pays, qu'ils ravagèrent, dont ils abattirent tous les arbres, et d'où ils emmenèrent à Souly de grands troupeaux de bœufs et de moutons.

Le pacha, inquiet pour sa capitale, envoya un évêque aux Souliotes pour leur faire des propositions de paix, et elle se conclut effectivement aux conditions suivantes :

1.° Que le pacha leur céderait tout le terrain jusques et compris Dervigiana (à six milles de Janina).

2.° Que tous les prisonniers seraient mis en liberté, et nommément le fils de Giavella.

3.° Que le pacha leur paierait cent mille piastres, à titre de rançon, pour les prisonniers qu'ils avaient en leur pouvoir.

Les Paramathiens étant indépendans du

pacha, les Souliotes conclurent avec eux une paix séparée.

Les conditions furent qu'à l'avenir ils seraient alliés, et qu'en toute occasion ils assisteraient les Souliotes de troupes, de munitions et d'armes.

De retour sur leurs montagnes, les Souliotes firent cinq parts de leur butin, ainsi que des cent mille piastres : l'une fut consacrée à la réparation des églises que les Turcs avaient endommagées, et à en construire une nouvelle à Tripa, dédiée à la Sainte-Vierge; la seconde fut déposée dans le trésor public, pour le service de la commune; la troisième fut partagée également entre tous les habitans, sans distinction d'âge ni de rang; et les deux autres données aux familles de ceux qui avaient péri en combattant.

Cette paix ne tarda pas à être rompue par le pacha; mais il fut de nouveau battu deux fois, et la gloire des Souliotes s'en accrut encore.

On découvrit par la suite que c'était M. de la Sala qui avait conseillé au pacha de s'emparer de Souly et de Chimœre, lui persuadant qu'alors il pourrait impunément secouer le joug de la Porte, et qu'en ce cas les Français lui fourniraient de l'artillerie et des munitions, etc. Peu de tems après M. de la Sala fut tué d'un coup de fusil dans une rue de Prévèse, par un capitaine de la flotte de Lambro. »

C'est ainsi qu'Eton termine sa relation de la campagne de 1792, et de la victoire complète que les Souliotes remportèrent sur Ali-Pacha.

Au reste, ce n'est pas là la première guerre qu'ils aient eue à soutenir contre lui. Environ trois ans auparavant il avait marché contre eux avec dix mille hommes, et ils évaluent à seize années la durée entière de la querelle.

Les plus anciens me racontèrent qu'ils avaient encore eu huit autres guerres remarquables à soutenir. La première contre Hadgï ou Aslam-Pacha, qui fit marcher contre eux douze mille hommes, auxquels ils résistèrent en ne lui en opposant que cent quatre-vingt. La seconde contre Mustapha-Pacha, avec sept mille hommes. La troisième contre Dous-Bey, avec huit mille. La quatrième contre Maksout-Aga, avec six mille hommes. La cinquième contre Soliman-Sapary, avec neuf mille. Les Souliotes le firent prisonnier, lui et son fils, et reçurent pour eux et soixante autres agas, mille sequins de rançon. La sixième contre Kokka-Pacha, à la tête de quatre mille hommes. La septième contre Mékir-Pacha, à la tête de cinq mille hommes; et enfin la huitième contre Hassan-Sapary et Hassan-Ibrahim-Aga, aussi avec cinq mille hommes. Les Souliotes donnent leur perte dans toutes ces guerres pour très-insignifiante.

Passons maintenant au dernier siége, qui amena en 1803 la chute de Souly.

De 1792 à 1803 il s'est écoulé onze années. Ainsi ce siége a duré précisément le même tems que celui des Messéniens par les Lacédémoniens sur le mont Ira, dont Rhianus dit[1] : « Qu'ils campèrent avec leur « armée autour des collines de la mon- « tagne Blanche, pendant onze hivers et un « pareil nombre de moissons. » Il fut aussi conduit de la même manière, et également interrompu par de longs armistices. L'usage du canon n'eut d'ailleurs qu'une très-

[1] Pausan. IV. Messène.

légère influence sur les événemens de cette guerre, les deux partis n'ayant que très-peu d'artillerie, et ne sachant l'employer que très-imparfaitement; et quant à leurs fusils et à leurs pistolets, de la manière dont ils s'en servent, c'est-à-dire, avec le tems qu'ils mettent à viser, ces armes ne sont guères plus meurtrières que ne l'étaient l'arc et la fronde [1].

Souly, Kiaffa, Avarikos et Samonida étaient les quatre villages principaux et primitifs des Souliotes. Mais dans le tems de leur prospérité, ils en avaient conquis sur les agas de Margarita et de Paramathie plus de soixante-six, dont ils préle-

[1] J'ai trouvé au pied du mont Ithome une pointe de flèche en bronze, que je conserve comme une relique. La marque des Messéniens, ME, y est empreinte; d'où il résulte que cette marque ne se mettait pas seulement sur l'écu, mais aussi sur les flèches. On voit quelquefois des inscriptions jusques sur les morceaux de plomb et de fer qu'on lançait avec la fronde. M. Fauvel en possède une à Athènes, sur laquelle on lit en grec : « Reçois ! »

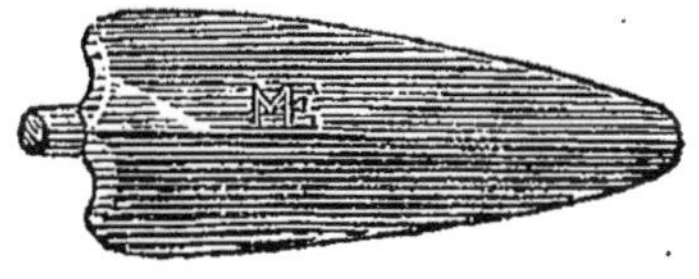

vaient le dixième. La somme qui en résultait se partageait à portions égales entre les anciens citoyens ; mais ceux qui faisaient des incursions individuelles gardaient leur butin pour eux.

Celles d'entre les familles primitives qui s'établissaient dans les villages conquis, étaient exemptes de ce tribut. Le nombre des hommes en état de porter les armes, s'élevait à mille, selon d'autres à douze cents; le total de la population à six mille ames.

Entre les qualités d'un guerrier, la ruse et la persévérance sont celles qu'ils apprécient le plus. Un homme ne saurait leur paraître propre à la guerre, s'il n'est infatigable à la marche, s'il ne sait se contenter de la plus mince nourriture, supporter la faim et la soif, et s'il n'a l'œil très-perçant, et propre sur-tout à distinguer les objets dans l'obscurité. Ils détestent les travaux pénibles et la culture des champs; la rapine, et particulièrement le vol du bétail sont leur principale subsistance; mais c'est un double plaisir pour eux, s'ils peuvent voler un Musulman. Néanmoins leurs apologystes prétendent que ceux des villages primitifs ne volent point, que seulement ils y autorisent les tributaires, et les prennent sous leur protection, pensant « qu'il serait contraire à « la charité chrétienne de les repousser, « lorsqu'ils ont besoin d'un asile, dans la « considération sur-tout qu'ils prêtent leur « appui contre les Musulmans. »

Il est tout aussi honorable à leurs yeux d'abattre son ennemi sans danger dans une embuscade, que d'en triompher corps-à-corps dans un combat ; car c'est la victoire et le butin qu'ils cherchent, et non le prix de la bravoure. Leur manière de vivre est très-simple, et leurs habitations des plus chétives. On comptait à Souly même trois cent cinquante maisons. La physionomie de ces montagnards n'a rien de noble ; mais plutôt quelque chose de farouche et d'inflexible. Leur taille est moyenne ; ils sont nerveux et rarement replets. Ils ont la jambe sèche, la cheville du pied forte, le genou fin. Ils sont excellens marcheurs.

Disposés aux passions haineuses, l'accident le plus léger les désunit ; ce qui fait que les meurtres par vengeance sont extrêmement communs parmi eux. M. Coray prétend que pour y remédier, ils ont une loi qui condamne tout meurtrier à une forte amende, ordonne la démolition de sa maison, et lui défend de la reconstruire. Pour moi je n'ai jamais entendu parler de cette loi parmi eux ; mais bien de la défense faite à un tiers qui voit deux hommes se quereller, d'intervenir pour les appaiser, dans la crainte que celui-là ne s'enveloppe aussi dans la querelle. Il n'y a qu'aux femmes que cela soit permis. Lorsque deux femmes se querellent, leurs maris n'y prennent point de part, dans la crainte d'en tuer une, ce qui serait puni beaucoup plus rigoureusement que le meurtre d'un homme, d'après le principe que cette femme eût pu mettre au monde plusieurs enfans.

Chez eux, comme chez tous les peuples peu avancés dans la civilisation, tout le poids du ménage tombe sur les femmes ; il en est de même du soin des troupeaux, et en partie de la culture des champs. Les hommes ne se sont réservé que la guerre et la chasse. Encore les femmes ont-elles leur part aux fatigues de la guerre ; et souvent chargées comme des mulets, elles portent aux hommes leurs provisions et leur bagage par-dessus les rochers.

En 1792, l'Amazone Moschon se distinguait entre toutes les autres. On en cite encore une qu'un Turc fit prisonnière, et qu'il traînait les mains liées derrière son cheval. Après avoir supporté quelque tems cette situation, elle lui demanda grace, et le supplia de la prendre en croupe. Il se laissa fléchir, et la délia; mais au moment où il allait se remettre en selle, elle lui enfonça son couteau de poche dans la poitrine, et rebroussa chemin sur son cheval.

Mais il n'y en a pas une qui se soit autant signalée dans la dernière guerre que Chaïdo, nom qui veut dire *la Séduisante*. Souvent on l'a vue combattre à côté des hommes, ou même les précéder dans la mêlée. Son pied n'était pas moins ferme, son coup n'atteignait pas moins juste. Elle portait aux doigts trois anneaux enlevés à des Turcs qui avaient succombé sous son bras.

Je l'ai vue depuis à Corfou avec plusieurs de ses compatriotes, et nous la priâmes de nous donner un échantillon de son habileté à tirer le fusil. Elle tira effectivement assez bien, mais en appuyant son arme et en visant très-long-tems. Je la recommandai, lorsqu'elle arriva dans la ville, au comte de Mocénigo, ministre plénipotentiaire de Russie, et au consul général de cette nation, le chevalier Bénaky, mon excellent hôte. C'était à qui la verrait et se presserait autour d'elle. Elle était petite et faible de structure, mais avait de fort beaux yeux, les traits du visage agréables, et un maintien libre et aisé. Au reste, il est permis de ne pas lui supposer une grande élévation de sentimens, car elle ne faisait pas difficulté de demander de l'argent et des cadeaux. Elle ne paraissait pas faire grand cas de son mari, et passait même assez publiquement parmi les Souliotes pour l'amante de Foto Giavella. Je ne crois pas en général que les mœurs soient très-sévères parmi les femmes de cette peuplade.

L'on a accordé parmi eux certaines prérogatives aux femmes qui ont donné des marques de leur courage. Lorsqu'elles viennent puiser de l'eau, les autres doivent leur faire place; et aucune autre ne pourrait avant elles mener son bétail à l'abreuvoir. Celles, au contraire, dont les maris auraient donné des marques de lâcheté, sont accablées d'injures, et obligées de se tenir à l'écart.

Dès leur plus tendre enfance, ces montagnards ne connaissent que les combats, ne respirent que la guerre. La femme et les enfans de Foto Giavella avaient été remis en otages au métropolitain de Janina ; mais à peine ceux-ci étaient-ils arrivés, qu'ils jouaient à la guerre dans cette maison étrangère. Le Visir se fit amener l'aîné, Nikolaki, âgé de sept ans, et lui demanda s'il voulait retourner à Souly pour combattre avec les autres. Oui, dit l'enfant ; mais je n'ai point de fusil. Eh bien, reprit Ali, je vais t'en donner un, et tu peux attaquer mes Dgiamides (peuplade albanaise soumise au Visir, et située du côté de Delbinon et de Margaritha). — Ce n'est point à tes Dgiamides que je veux avoir affaire, répondit l'enfant, ce sont de mauvaises troupes, je veux attaquer tes meilleures.

L'habillement des Souliotes est au total le même que celui des autres Albanais ;

cependant les femmes, au lieu de laisser leurs cheveux pendre en longues tresses, et de les charger de médailles, les portent relevés, et recouverts sur le derrière de la tête d'un mouchoir, qu'elles lient à-peu-près dans la forme du réseau castillan. J'ai vu une fois Chaïdo parée avec élégance et prétention, d'un petit tablier de velours noir avec une bordure en or.

Lorsqu'Ali-Visir prit possession de son pachalik de Janina, il n'avait guères qu'environ six mille hommes à son service : mais aujourd'hui il lui est facile d'en lever jusqu'à vingt mille ; et en y comprenant les troupes subsidiaires et alliées, il peut mettre sur pied une armée beaucoup plus nombreuse. Intrigues, négociations, corruptions, il a tout employé pour diviser et affaiblir ses ennemis, et peu-à-peu il y a réussi. Une persévérance de fer dans la poursuite de ce qu'il croit nécessaire ou convenable à l'affermissement de sa puissance, assure le succès de tous ses plans.

Il ne tarda pas à entrevoir que pour parvenir à gouverner tranquillement l'Epire et l'Acarnanie, il fallait soumettre les Souliotes. Car, quoi qu'il entreprît, il trouvait toujours dans son chemin cette poignée d'hommes courageux et remuans, qui se mettaient successivement à la solde de tous ses ennemis. M. de la Sala, qui croyait pouvoir compter, pour les Français, sur l'assistance d'Ali, le fortifia de plus en plus dans cette idée, et détermina l'irruption de 1792, dont nous venons de voir l'événement. Mais bientôt tout prit une autre face. Les succès qu'obtinrent d'abord les Russes en Italie (1799), et les pertes que les Français y essuyèrent, persuadèrent à Ali que ceux-ci ne pourraient se maintenir long-tems en Grèce, et seraient hors d'état de tenir la promesse qu'ils lui avaient faite de lui envoyer vingt mille hommes pour appuyer son indépendance. Dès-lors il se décida à tourner ses armes contre eux.

Il me paraît certain qu'il se serait réuni aux Français, s'ils lui avaient effectivement envoyé le nombre de troupes qu'ils lui avaient promis. C'était le général Rose qui les commandait alors dans les îles Ioniennes et sur la côte du continent; et Ali était d'abord si bien disposé pour lui, qu'il lui avait donné en mariage la sœur de son favori. Ce ne fut que lorsqu'il commença à craindre de devenir victime de cette alliance, et que les escadres combinées russes et turques étant déjà en mer, il vit le danger s'approcher, qu'il résolut, pour sa propre sûreté, et pour se justifier auprès de la Porte, d'attaquer le premier les Français, qui étaient bien loin de s'y attendre. Les détails de ce qui se passa alors entr'eux et lui, du côté de Prévèse, sont assez connus.

Mais, du moment que cette campagne fut achevée, et qu'il se vit en sûreté de ce côté-là, il tourna toutes ses pensées vers l'exécution de son ancien plan, de se rendre maître de Souly. Il essaya d'abord de s'en ouvrir les voies par la corruption, et de gagner quelques-uns des chefs; et le premier qu'il parvint à détacher de son devoir, et qui se vendit à lui pour dix mille piastres, fut un vieillard nommé Georges Botsaris. Celui-ci s'était acquis une grande considération par sa bravoure; mais, exalté par les éloges de ses compatriotes, et ébloui par les promesses insidieuses, encore plus que par les présens du Visir, il se laissa aller à l'espoir d'être bientôt élevé au rang de juge et de magistrat suprême de sa nation. Il vivait alors dans les villages conquis, auxquels il était préposé, et dans lesquels il avait un grand parti. Ce fut un certain Palaskas, capitaine au service d'Ali, qui entreprit de le gagner. Il se rendit à cet effet auprès du vieillard, feignit d'abord de vouloir s'attacher à lui, et d'avoir abandonné le service de son maître, demanda même, et obtint en mariage une fille de Botsaris; et s'étant de la sorte insinué dans sa confiance, le porta enfin, par persuasion et par promesses, à passer auprès d'Ali avec sa famille, ses parens, ses amis et subordonnés, et à lui livrer tout ce qu'il avait de munitions de guerre en son pouvoir.

Pendant que ces négociations se poursuivaient, et avant de commencer ouvertement les hostilités, Ali rassembla tous ses agas à Ypsdron, et leur communiqua une prophétie d'un de ses plus fameux chodgias, portant, « qu'il leur fallait conquérir Souly, « comme seul moyen de résister à leurs « ennemis capitaux, les Russes et les Fran- « çais, entre les mains desquels il était vrai- « semblable que tout l'Empire Ottoman ne

« tarderait pas à tomber ; mais que pour « eux, ils se maintiendraient encore indé« pendans et victorieux quarante ans après « la chute de l'Empire, et finiraient par « conclure une paix honorable et avan« tageuse. »

Là-dessus, les agas jurèrent fidélité à l'alliance du Visir, et promirent de ne mettre bas les armes que lorsque Souly serait entre leurs mains. Ils commencèrent aussitôt à rassembler toutes leurs forces, qui, réunies à celles d'Ali, formèrent une armée de vingt-huit mille hommes.

Les Souliotes demeurèrent quelque tems dans une sécurité parfaite, endormis par Botsaris, aux avis duquel ils se fiaient. Mais leur consternation n'en dut être que plus grande quand ils apprirent sa défection, et qu'ils se virent si cruellement trompés. Ils se déterminèrent néanmoins à la plus courageuse défense, et nommèrent sur-le-champ vingt-cinq capitaines, dont les plus distingués furent Dimos Zervas, Jean Zervas et Diamandis Zervas, tous de la même famille ; Coukonicas, Dimos Draco et Foto Giavella, le même que nous avons vu à l'âge de douze ans en otage entre les mains d'Ali, et qui avait été rendu à la paix.

A peine Botsaris eut-il rejoint le Visir avec son parti, que celui-ci voulut le forcer à combattre contre sa patrie; et quoique le vieillard vînt à bout de s'en exempter pour sa personne, il lui fallut du moins envoyer les siens à cette expédition; mais ils ne tardèrent pas à être dispersés, et lui-même mourut de chagrin peu de mois après.

Cependant l'armée d'Ali se trouva rassemblée et marcha contre les Souliotes. Ceux-ci se partagèrent en cinq colonnes, et combattirent avec une valeur si héroïque, que le découragement ne tarda pas à s'emparer des Turcs; et bientôt les maladies engendrées par la disette et la mauvaise nourriture s'y étant jointes, ils commencèrent, en dépit de leurs sermens, à déserter les drapeaux du Visir. Mais celui-ci se recruta de nouveau avec la plus grande activité, et changea l'attaque en blocus. Les Souliotes de leur côté faisaient presque toutes les nuits des sorties désespérées, par petits détachemens de trente, quarante ou cinquante hommes au plus, et enlevaient aux assiégeans des vivres et du bétail. On raconte qu'un certain Janis Ariviniotis s'habilla un jour en blanc, et se glissant au milieu d'un troupeau de bœufs, se fit enfermer avec eux; mais que pendant la nuit il sortit et les poussa vers Souly, sans que les Turcs, qui craignaient une embuscade, se hasardassent à le poursuivre.

Les escarmouches qui avaient lieu dans ces occasions, et qui, malgré l'infériorité du nombre, tournaient toujours à l'avantage des assiégés, et enlevaient beaucoup de monde aux ennemis, répandirent une telle consternation parmi ceux-ci, qu'au bout de quelque tems, ils se retiraient toujours d'eux-mêmes, du moment qu'ils apercevaient un parti de Souliotes.

Vers le même-tems Foto Giavella et Dimo Draco firent une excursion sur le territoire des alliés turcs d'Ali-Visir, et revinrent chargés de butin, et couverts de gloire. Foto ayant appris que le Visir avait mis un prix de quatre cents piastres sur la tête de chaque Souliote, répondit que pour lui il ne donnerait que dix cartouches pour chaque tête de Turc, car elles ne valaient pas davantage. On raconte qu'un jour ils échangèrent un prisonnier turc contre un âne qu'on leur avait enlevé.

Il y avait, en outre, dans l'armée du Visir un grand nombre de ses sujets chrétiens, qui n'avaient pris les armes que contre leur gré, et qui loin de le bien servir, favorisaient souvent l'ennemi. Il s'en fallait aussi beaucoup que tous les agas turcs lui fussent sincèrement dévoués; ils sentaient trop bien que, Souly une fois en son pouvoir, de ses alliés et de ses subsidiaires qu'ils étaient, ils deviendraient ses esclaves, et que cessant d'avoir besoin d'un aussi grand nombre de troupes, il ne tarderait pas à les congédier. Il n'allaient donc pas sérieusement à l'œuvre, exigeaient leur solde dans les momens où ils savaient qu'Ali manquait d'argent, et menaçaient sans cesse de se retirer; de plus les Parghiniotes favorisaient presque ouvertement leurs amis les Souliotes, et leur fournissaient par mer les vivres dont ils avaient besoin.

Dans de telles circonstances les assiégés réussirent, non-seulement à rompre l'alliance que les agas avaient formée contre eux, mais même à en attirer plusieurs dans leurs intérêts. Ils conclurent avec Ibrahim-Pacha de Valone, Mustapha-Pacha de Delbinon, Sulliam-Aga, Pronion de Paramathie, Mahmout-Aga et Dailani de Couispoli, des traités en vertu desquels ils reçurent quarante bourses[1], pour acheter des vivres. On prit six otages de part et d'autre, et l'on s'engagea à ne point faire de paix séparée. Ce fut à Mustapha de Delbinon que furent remis les otages des Souliotes.

Plusieurs années s'écoulèrent de la sorte. Les difficultés de l'entreprise n'échappaient point à la pénétration du Visir; mais il savait aussi que, s'il y renonçait, c'était fait de sa considération et de sa puissance. Il prodiguait donc ses revenus pour cette guerre, et mettait son pays, ses amis et jusqu'à ses fils à contribution; point de moyens qu'il ne tentât pour lever de l'argent, et d'après des renseignemens dignes de foi, on calcule que la conquête de Souly lui a coûté quatre millions de piastres.

Il n'omettait pas non plus de feindre de tems en tems des dispositions pacifiques.

[1] Vingt-mille piastres.

La négociation fut une fois poussée assez loin pour que les Souliotes lui eussent déjà livré vingt-quatre otages, mais il la rompit brusquement; sur quoi ils lui adressèrent la lettre suivante :

« Visir Ali, nous te saluons ! Par ta « manière de négocier avec nous, tu ne « réussis qu'à déshonorer ton nom, et à « exciter de plus en plus notre résistance « et notre opiniâtreté. Saches que dans les « derniers combats il a péri dix-sept des « nôtres. En voilà donc quarante et un de sa- « crifiés; mais nous ne nous en rendrons pas « davantage, car nous savons qu'en tout et « par-tout tu es sans foi comme sans loi. »

Il leur fit offrir un jour deux mille bourses et la liberté de s'établir où bon leur semblerait, pourvu qu'ils évacuassent Souly; et voici ce qu'ils répondirent :

« Visir! notre patrie nous est chère, et « nous ne la céderons ni pour de l'or, ni « pour les pays que tu nous offres, ni pour « tous les trésors de la terre; mais plutôt « nous la défendrons jusqu'à la dernière « goutte de notre sang. »

Plusieurs écrits de lui ou de ses amis furent renvoyés sans être lus; et voyant qu'il n'avait rien à attendre de cette voie, il essaya de semer la désunion parmi eux, et d'en porter isolément quelques-uns à la défection. C'est ainsi qu'il fit offrir à Dimos-Zervas huit cents bourses et des charges honorifiques, si lui et les siens voulaient abandonner le parti de leurs compatriotes. A quoi Dimos-Zervas lui répondit :

« Très-honorable Visir! ne prends pas « la peine de m'envoyer ton argent. La « somme est si forte que je ne suis pas « même en état de la compter; mais néan- « moins je ne te donnerais pas en retour « une seule pierre de mon pays. Juge si je « te vendrais mon pays même. Quant aux « charges honorifiques que tu me promets, « mes armes dont je sais me servir pour « la défense de ma patrie, m'honorent déjà « suffisamment. »

Il voulut ensuite les engager à lui céder quelques districts, moyennant des dédommagemens pécuniaires, mais ils lui firent dire : « Nous ne sommes point des mar-

« chands ; c'est par la force que nous ga-« gnons, et ce n'est qu'à la force que nous « céderons. » Il les menaça de marcher contre eux avec vingt mille hommes : « Nous souhaitons que tu vives et que tu « viennes, » lui répondirent-ils.

Alors le Visir fit mine de retirer ses troupes, et ne laissa qu'un corps d'observation de cinq mille hommes, sous les ordres de son fils cadet, Véli-Pacha, qui dès-lors fut chargé de toute la conduite de la guerre. Il n'avait péri jusque-là, à ce qu'on assure, que 25 Souliotes, dont on m'a communiqué les noms ; tandis que d'après leurs propres rapports, les Turcs avaient eu trois mille huit cents tués, sans compter les blessés.

Le fils aîné d'Ali-Visir, Mouctar-Pacha, formait une sorte d'opposition contre son père, mais moins en actions que sourdement et en opinions.

Sur ces entrefaites, Ali songea sérieusement à rompre les alliances que les agas et les beys avaient contractées avec les Souliotes. Il en ramena quelques-uns à lui par des promesses, il fomenta de la mutinerie contre quelques autres, et excita des troubles dans leurs provinces ; il en attaqua aussi plusieurs à force ouverte. C'est ainsi qu'à l'aide de Hassan-Aga, il surprit Delbinon et s'en rendit maître ; ce qui fit tomber entre ses mains les six otages des Souliotes, qui, comme nous l'avons vu, avaient été remis à la garde de Mustapha-Pacha. Il en fit sur-le-champ périr quatre, et n'épargna que le frère de Giavella et le fils de Dimo-Draco, feignant d'accorder cette grace à la sollicitation de Hassan-Aga, qui espérait s'en faire un mérite auprès des Souliotes. Mais ceux-ci lui écrivirent ce qui suit :

« Hassan-Aga, nous te saluons! Ne crois « pas que nous te sachions gré du service « que tu te vantes de nous avoir rendu. « Premièrement parce que cela ne s'est « point fait dans de bonnes intentions, « mais par une ruse de ton maître. En « second lieu, parce que tu n'as délivré « pour nous que des morts ; car nous con- « sidérons comme tels tous ceux qui se « trouvent au pouvoir du tyran. En troi- « sième lieu, tu n'es pas notre ami ; car si

« tu l'étais, tu serais resté fidèle au traité « que nous conclûmes avec ton père, lors- « que vous vous trouviez nos prisonniers [1]. « Mais tu es notre voisin; et malheur à toi « si tu tombes encore une fois entre nos « mains! ta perfidie nous forcerait à te « traiter comme tu le mérites. Jusque-là « salut et santé! »

Pronion de Paramathie, homme plein de courage et d'honneur, demeura fidèle à ses engagemens envers les Souliotes, et se tint tranquille.

Cependant Ali porta de nouveau à quinze ou vingt mille hommes l'armée qu'il avait devant Souly, et les assiégés se virent bientôt resserrés et repoussés, perdant un poste après l'autre. C'est de la sorte qu'ils perdirent Cakosouly, Avarikos, Samonida, et les sources qui leur fournissaient de l'eau, à l'exception de celles qui étaient auprès des moulins. Mais alors il s'éleva parmi eux un homme qui fortifia leur courage et ranima toutes leurs espérances.

Ce fut un caloyer des environs de Prévèse, nommé Samuel, et qui se donnait le

[1] Dans la cinquième guerre.

surnom de *Jugement dernier*. Le peuple le prit pour un homme envoyé de Dieu, et les esprits forts d'entre les Grecs qui ne connaissaient pas bien son origine, pour quelque officier étranger et de distinction, qui se tenait caché sous le costume de prêtre.

Il possédait cet enthousiasme qui inspire les grandes actions et élève au-dessus de tous les sacrifices. Il parlait toujours avec onction, et avait souvent à la bouche des passages de la Bible. Il s'acquit bientôt une grande influence, et ne tarda pas à diriger les vingt-cinq plus anciens qui formaient constitutionnellement le conseil des Souliotes, mais dont les décrets avaient toujours besoin du consentement du peuple. Son activité était telle, qu'il semblait se trouver par-tout à-la-fois. Tantôt il faisait élever des tours et construire des retranchemens; tantôt il dirigeait les opérations de la faible artillerie que les Souliotes avaient en leur pouvoir. Aujourd'hui il allait négocier quelque marché à Parga et Paramathie, ou bien à Prévèse; le lendemain il était à la tête de ceux qui tentaient les sorties les plus audacieuses.

Quelque fâcheuse que fût alors la situation où se trouvait Souly, peut-être eût-il encore été possible d'en prévenir la chute, car les alliés d'Ali devenaient de plus en plus difficultueux, à mesure que, voyant s'approcher la ruine de la ville, ils étaient plus tourmentés de la crainte de devenir les sujets du Visir. Mais on prétend que les Français accélérèrent ce moment, quoique fort éloignés d'en avoir l'intention. Au printems de 1803, époque où l'on craignait une rupture entre cette puissance et la Porte, la corvette l'*Arabe*, que les Anglais capturèrent depuis au retour, arriva dans l'Archipel et dans les mers Ionienne et Ægée. Elle laissa de la poudre et des munitions dans le port de Maina, et de même à Athènes et à Zante, en paiement pour des rafraîchissemens qu'elle y prit. On en chargea dans ce dernier lieu plusieurs bâtimens, qu'on expédia pour Parga, ce qui n'était peut-être qu'une spéculation de quelques particuliers.

Déjà à cette époque les Souliotes se voyaient extrêmement réduits. Leur viande salée commençait à se gâter, leur provision de farine tirait à sa fin, et il y avait déjà plusieurs mois qu'ils vivaient de pain et d'écorce d'arbre, mêlés avec des herbes et un peu de farine. Leurs moulins avaient fini par tomber entre les mains des ennemis, et il leur fallait broyer avec des pierres le peu de blé qui leur restait, ce qui le rendait sablonneux et extrêmement désagréable. Mais enfin cette ressource étant venue aussi à leur manquer, quatre cent treize hommes et cent soixante-quatorze femmes descendirent à Parga, à l'arrivée des bâtimens dont nous venons de parler, et y passèrent quatre jours. Le cinquième, ils chargèrent sur les femmes les provisions de bouche, ainsi que les munitions arrivées de Zante, et reprirent le chemin de Souly. Ils furent bien sur la route harcelés par douze mille Turcs, mais qui ne hasardèrent pas de les attaquer.

Ali sut tirer un grand parti de cet événement. On n'avait pris jusque-là à Constantinople aucune part à cette querelle; plusieurs fois même l'ordre avait été expédié au Visir de cesser les hostilités contre les Souliotes, puisqu'ayant toujours acquitté fidèlement leur tribut, ils ne pouvaient être regardés comme rebelles envers la Porte;

car on redoutait à Constantinople même l'accroissement de puissance de ce pacha remuant et ambitieux. Mais maintenant, que les Français paraissaient intervenir en leur faveur, la Porte expédia un firman en vertu duquel Ali devait les attaquer avec toutes ses forces. L'ordre fut donné en même tems à tous les pachas voisins de l'appuyer dans son entreprise, sous peine d'être considérés comme rebelles.

Sur l'injonction d'Ali, le métropolitain d'Arta, Ignace, alla sommer les Paramathiens de ne pas assister Souly. Mais sa mission resta sans succès. Un autre caloyer de Janina ayant été envoyé sous leurs murs pour les exhorter à capituler, ils lui signifièrent qu'il eût à s'éloigner sur-le-champ, sans quoi ils le feraient fusiller « comme corrupteur de la jeunesse. » J'ai parlé plusieurs fois à cet homme, et même il m'a tracé un plan, sans doute très-grossier, de Souly. Son cœur abhorrait ce que sa bouche avait été forcé de prononcer, et il n'en parlait jamais que les larmes ne lui vinssent aux yeux. Son désespoir fut des plus violens quand il apprit depuis à Janina que la chute de Souly était inévitable.

L'évêque de Janina, Jérothéos, leur écrivit également, ainsi qu'à Chrysanthos, évêque de Paramathie; et ce dernier s'attira tellement la haine du Visir par sa désobéissance, qu'il voulut lui ôter son diocèse.

Le Visir ne se fait aucun scrupule de violer les sermens les plus sacrés, et n'hésite pas à en exiger autant des archevêques. Quoiqu'en public il leur témoigne des égards, parce qu'il croit avoir, par leur moyen, plus de facilité à gouverner les Grecs, il n'a pour eux, au fond du cœur, qu'une très-mince considération. C'est ainsi qu'il dit un jour très-cavalièrement au métropolitain d'Arta, à l'occasion d'une lettre que celui-ci devait écrire aux Souliotes, et dans laquelle il s'agissait de leur faire une promesse, qu'il était d'avance très-résolu de ne pas tenir : « Allons, Mé« tropolitain, écris et ne t'épargne pas les « sermens. » Traduction d'ailleurs qui est bien loin de rendre le caractère de dédain exprimé dans la phrase grecque.

Cependant Kukonikas et Diamandis Zervas, capitaines des Souliotes, se laissèrent gagner et passèrent dans le camp du Visir, non sans avoir fait auparavant tous leurs efforts pour fléchir l'opiniâtreté de leurs compatriotes.

Foto Giavella lui-même, qui commandait à Kiaffa et Kiunti, et sur lequel reposaient les plus grandes espérances de sa nation, se laissa persuader d'envoyer au Visir sa femme et ses enfans, et il ne tarda pas à capituler lui-même avec Véli-Pacha. Voici la teneur du passe-port, ou *boujourti*, que celui-ci lui expédia à cette occasion :

« Moi, Véli-Pacha, avec tous ceux qui « sont sous mes ordres, j'atteste par ser- « ment avoir donné aux Souliotes enfer- « més dans Kiunti, et qui suivront Foto, « la permission de sortir librement, sans « être incommodés ni par mon armée ni « par qui que ce soit : et cela ni pendant la « sortie même, ni sur aucun territoire de « ma juridiction, ni en quelque lieu qu'il « leur plaise de se fixer. Ils doivent être « également saufs, et dans leur vie, et dans « leur honneur, et dans leurs propriétés. « Lorsque nos conférences seront termi- « nées, comme nous en sommes convenus, « et qu'ils évacueront Kiunti, Balos est « autorisé à leur livrer les otages que j'ai

« remis pour eux entre ses mains. Encore « une fois, nous nous engageons à leur te- « nir tout ce qui est ci-dessus stipulé ; et « si nous y manquons, nous consentons à « être exclus de la religion musulmane, et « à vivre en *dullacki* (divorce) au troi- « sième grade avec nos femmes ; et pour la « sûreté des Souliotes, nous prêtons le « présent serment ; méritant, si nous le « rompons, d'être abandonnés de Dieu.
« Devant Souly, le 12 décembre 1803. »

VÉLI-PACHA.
(L. S.)

Elmis-Bey. (*L. S.*)	*Ismaïl-Chodga-Bey.* (*L. S.*)
Muhammed Muchar-daris, écuyer. (*L. S.*)	*Passi-Bey*, fils d'*Ismaïl-Bey.* (*L. S.*)
Dervisch-Hassan. (*L. S.*)	*Cydin Sargianis.* (*L. S.*)
Omer Dervisch. (*L. S.*)	*Mezzobono.* (*L. S.*)
Hadgi Paeter. (*L. S.*)	*Latif Chodga.* (*L. S.*)
Hussamet Totzkas. (*L. S.*)	*Apa Dépellénis* [1]. (*L. S.*)

[1] Presque tous les Turcs portent un cachet en forme d'anneau, sur lequel est gravé ou leur nom, ou une sen-

Foto Giavella reçut du Visir beaucoup d'argent pour lui et les siens. Le père avait commis une imprudence qu'il expia par une mort généreuse. Sa démarche irréfléchie eût pu amener la ruine des Souliotes; mais la Providence en ordonna autrement, et ils sortirent glorieux et triomphans d'une des luttes les plus disproportionnées dont il y ait jamais eu d'exemple. La défection du fils eut des suites plus décisives, et abattit pour jamais son parti. Le 13 décembre 1803, il se mit en marche suivi de plusieurs centaines des siens, et de sa chère Chaïdo; ils se rendirent à Parga, où ils s'arrêtèrent plusieurs jours.

La faible poignée de Souliotes restés fidèles, toujours dirigée par le brave caloyer, défendit les derniers postes avec un courage au-dessus de tout éloge. Dimos Zervas et le vieux Dimos Draco ne cessèrent de combattre comme des lions, jus-

tence de l'Alcoran. Les Arméniens, à Constantinople, en fabriquent de très-beaux. Il existe, pour prévenir les abus, une loi qui défend à tout graveur en pierres d'en fabriquer deux qui soient semblables; et en conséquence, si quelqu'un veut avoir un double de son anneau, il faut au moins qu'il y fasse adapter ou une fleur, ou une petite étoile, ou une autre marque quelconque.

qu'à ce qu'entièrement dénués de vivres, ils furent enfin forcés d'accéder à une capitulation. Ali les jugea encore assez redoutables pour leur accorder la liberté de se retirer, et pour acheter d'eux ce qui restait de munitions à Souly. Ils ne purent néanmoins obtenir d'argent comptant.

Le Visir nomma trois Turcs pour présider comme commissaires à la remise de la provision de poudre. On avait déjà échangé des otages pour la sûreté du paiement, et livré effectivement le principal magasin, qui pouvait contenir environ trois cent soixante-quinze okkes. Il ne restait plus qu'une petite provision de vingt-cinq okkes, qui se trouvait dans l'habitation reculée du caloyer. On voulut aussi l'avoir; et après beaucoup de difficultés, il s'y rendit enfin, accompagné de trois Souliotes et des commissaires turcs. On mit un autre Souliote en sentinelle devant la porte. Celui-ci entendit qu'on se disputait dans l'intérieur de la petite maison, puis tout-à-coup il fut étourdi par le bruit d'une détonation épouvantable. On a présumé que le caloyer avait tiré son pistolet dans la poudre, et que c'est par ce moyen qu'il se fit sauter, lui, ses compagnons et les commissaires. Celui qui était en sentinelle eut les bras brûlés jusqu'aux os en plusieurs endroits, les pieds et les mains paralysés, et perdit presque la vue. Je l'ai rencontré à Corfou dans cet état, et il me raconta cet événement comme je viens de le rapporter.

Ali-Visir, maître de Souly, et persuadé que ce lieu pouvait être regardé comme inexpugnable, eut d'abord le projet d'y établir un fort pour lui-même, et alla à ce dessein l'examiner avec ses ingénieurs; mais ceux-ci ne trouvèrent la position que médiocrement avantageuse, et le détournèrent de son projet. C'était le courage et le patriotisme de ces montagnards, bien plutôt que la nature de leurs montagnes, qui avaient rendu ce lieu si long-tems redoutable.

Le Visir n'ayant plus rien à craindre des Souliotes, laissa alors éclater la colère qu'il avait comprimée jusque-là, et résolut, s'il était possible, de les exterminer jusqu'au dernier. Ceux-ci, se fiant à la capitulation, s'étaient dispersés sur différens points : le bonheur voulut seulement que le plus grand nombre se rendît à Parga ; tous ceux que l'on trouva isolés furent massacrés avec la plus grande barbarie, et périrent dans des tortures inexprimables. On versa à plusieurs d'entr'eux de la poudre dans les oreilles, et ensuite on y mit le feu. Une centaine de ces malheureux, qui s'étaient retirés près du couvent de Sallonga, au nord de Prévèse, furent assaillis, sous prétexte que la position était trop forte, et pouvait leur offrir un nouveau point de ralliement, et on en fit une horrible boucherie. Trente-neuf femmes se précipitèrent du haut des rochers avec leurs enfans, dont quelques-uns étaient à la mamelle. Une veuve et ses deux filles, nubiles, se renfermèrent dans une maison, et résolues à mourir, elles se brûlèrent la poitrine en se jetant sur de la poudre. Elles n'expirèrent qu'après plusieurs jours des plus cruelles souffrances.

Les Souliotes qui s'étaient retirés à Parga, commencèrent alors à craindre de n'y plus trouver de sûreté. Ils se rendirent à Corfou au nombre d'environ dix-sept cents, et y furent accueillis avec beaucoup d'humanité. Le Gouvernement les établit à Levkimo, leur donna toute sorte d'assistance; et un officier *del presidio*, espèce de milice à cheval qui date encore des Vénitiens, fut chargé de pourvoir à leurs besoins.

Les habitans de Corfou se promettaient beaucoup de cette émigration, qui eut précisément lieu au moment de la récolte des olives, et lorsqu'ils manquaient de bras pour cette opération. Mais tant que les Souliotes possédèrent un parah, ils ne voulurent jamais se prêter au travail, et l'on ne put y déterminer que quelques-uns des plus nécessiteux. Bientôt leur esprit remuant donna quelques inquiétudes, et on crut devoir les désarmer. La désunion se mit aussi entre le parti de Foto Giavella et celui de Dimo Dracos, ce dernier prétendant avoir sa part de l'argent que ceux-là avaient reçu pour l'évacuation de Kiaffa et de Kiunti.

Peu de tems après, Ali fit demander au comte de Mocénigo et au Gouvernement des Sept-Iles, qu'on lui livrât les Souliotes, et se présenta avec son armée devant Parga et Prévèse, afin d'arracher ce consentement par la terreur des armes.

Mais les sages mesures que l'on prit, et la fermeté qu'on lui opposa, le forcèrent bientôt à reprendre la route de Janina.

Les trois cents Souliotes qui étaient passés du côté du Visir avec le vieux Bostaris, étaient encore à son service sous les ordres du fils de ce dernier. Comme il ne les avait épargnés jusque-là que dans la vue d'encourager et d'attirer d'autres transfuges, cessant d'en avoir besoin, il pensa à s'en débarrasser. Cependant ceux-ci ayant eu vent de ses mauvaises intentions, s'enfuirent vers la Thessalie; mais ils furent atteints au pont de Korak, et cernés par plusieurs milliers de Turcs. Déterminés à vendre chèrement leur vie, ils ne firent qu'une décharge de leurs fusils, puis fondant le sabre à la main sur les Turcs, ils en firent un grand carnage. Il n'échappa pas un seul de ces malheureux Souliotes; mais leurs ennemis, en faisant le rapport de leur mort, ont rendu témoignage de leur valeur.

Telle fut la fin de Souly. En lisant l'histoire de sa résistance et de sa chute, on se croit transporté à quelques siècles en arrière. Avec plus d'union, Souly eût été inexpugnable. Mais les Albanais sont aussi peu capables que les Grecs de résister à l'appât de l'or, et Ali savait en faire habilement usage selon les lieux, les tems et les personnes.

Ali est sans contredit un des hommes les plus remarquables de ce siècle. Pour l'adresse et la bravoure, on pourrait le comparer à Philippe de Macédoine; pour la cruauté, au Lacédémonien Nabis. Il a su établir dans les Etats qu'il gouverne, cette sûreté qu'on chercherait en vain dans les autres pays du Levant. Les voyageurs peuvent les traverser sans danger, et les marchands y font des affaires considérables. Tout tremble à son seul nom.

Lorsque des Grecs lui font des rapports l'un contre l'autre, comme cela arrive souvent, et s'entr'accusent même d'avoir mal parlé de lui, ou manifesté de mauvaises intentions contre sa personne, il se contente d'en rire, et ne manque guères de raconter à l'accusé ce que son ennemi lui impute. Il est tyran dans la véritable acception du terme, agissant tantôt bien, tantôt mal, selon son humeur et ses caprices.

Exercé à la plus profonde dissimulation, jamais il ne paraît plus gai que lorsqu'il est rongé de chagrin, jamais plus doux que lorsqu'il médite le meurtre. Souvent des gens l'ont quitté, ravis de sa bonté, dont un quart-d'heure après il s'est fait apporter la tête. Quant à l'amabilité de son esprit, et aux agrémens de son commerce, je puis moi-même en rendre témoignage. Il met un grand prix à entretenir des relations avec les puissances chrétiennes. Son ambition ne repose jamais; et le but de tous ses efforts est de se créer une monarchie indépendante. Il est adonné aux femmes, il n'est pas étranger aux goûts plus dépravés qui dominent si généralement dans ces climats; mais jamais il ne se laisse gouverner par les instrumens de ses plaisirs.

Né sur un trône où la clémence et la justice seraient héréditaires, ou bien le pouvoir de nuire circonscrit par de sages lois, et élevé sous l'influence d'une éducation convenable, il eût été peut-être un très-grand roi.

FIN DE LA DEUXIÈME ET DERNIÈRE PARTIE.

TABLE

DES MATIÈRES

Contenues dans la deuxième partie.

De l'état de la civilisation chez les Grecs modernes; de leur danse, de leur constitution physique, et de l'état de la sculpture, de la peinture et de la poésie parmi eux.—Dégénération des Grecs modernes.—Sermon sur le danger pour les Grecs de voyager en Europe. —Vanité de la noblesse grecque.—Consuls grecs.—Etat de la navigation chez les Grecs modernes.—Leur habillement.—Dégénération du penchant naturel dans le Levant. — Ballade grecque.— Proverbes.— Réflexions générales sur la Grèce moderne, *page* 1

Voyage de Négrepont dans quelques contrées de la Thessalie, en 1803. — Trajet jusqu'à Trichery. — Trichery.— Volo.— La géographie de l'ancienne Thessalie comparée avec celle de la moderne.— Route de Volo à Larisse.—Larisse, 159

Guerre d'Ali-Pacha contre les Souliotes. — Campagne de 1792, tirée d'Eton, *Survey of the Turkish Empire*.—Dernier siége de Souly en 1803 et 1804.

— Courageuse défense des Souliotes. — Ils détachent plusieurs Agas de l'alliance d'Ali. —Vaines tentatives d'Ali pour semer la division parmi eux. —Il convertit le siége en blocus.— Il recommence le siége.—Détresse des assiégés.— Le caloyer Samuel.—Le divan prend parti contre les Souliotes. —Ali gagne un des principaux chefs. —Les Souliotes capitulent.—Ali ne tient pas la capitulation. —Caractère d'Ali, *page* 235

Fin de la Table de la deuxième et dernière partie.

Extrait du Catalogue des Livres qui se trouvent chez DENTU, *Impr.-Libr., rue du Pont-de-Lody*, n.° 5.

GEOGRAPHIE MODERNE, *rédigée sur un nouveau plan*, ou description historique, civile, politique et naturelle des Empires, Royaumes, Etats et leurs Colonies; avec celle des Mers et des îles de toutes les parties du monde : renfermant la concordance des principaux points de la Géographie ancienne et du moyen âge, avec la Géographie moderne, par J. PINKERTON. Traduite de l'anglais, avec des notes et augmentations considérables, par *C. A. Walckenaer*. Précédée d'une Introduction à la Géographie mathématique et critique, par S. F. *Lacroix*. Avec un Atlas in-4.° de 42 Cartes, dressées par *Arrowsmith*, revues par *J. N. Buache*.

Ouvrage adopté pour les Bibliothèques des Lycées.

Prix : les 6 vol. in-8.°, avec l'Atlas en noir, cartonné . 42 f.
Id. avec les cartes enluminées 50
Id. pap. vél. rel. *à la Bradel*, avec les cart. color. en plein 110

GEOGRAPHIE MODERNE, *abrégée*, par le même; 1 gros vol. in-8° de 800 pages, orné de belles cartes; 2.e édit. revue, corrigée avec le plus grand soin; augmentée d'un *Traité de Géographie ancienne*, d'après les meilleurs auteurs. On a inséré dans cette édition tous les changemens arrivés en Europe. 9 f.
— Le même, avec les cartes coloriées, 10

Ouvrage adopté par la Commission des Livres classiques pour l'usage des Lycées et Ecoles secondaires

LEÇONS ELEMENTAIRES DE CHIMIE, à l'usage des Lycées, ouvrage rédigé par ordre du gouvernement; par P. A. Adet. Un gros vol. in-8.° 6 f.

RECHERCHES sur l'origine et les progrès des Scythes ou Goths, servant d'introduction à l'Histoire ancienne et moderne de l'Europe; traduit de l'anglais de J. PINKERTON; un vol. in-8., orné d'une Carte du monde connu des anciens, et gravée par *N. Tardieu*, Prix, 6 f.
Idem. vélin satiné, carte coloriée, 15

ŒUVRES COMPLÈTES DE P. J. BITAUBÊ, 9 *v. in*-8°

L'ILIADE ET L'ODYSSÉE D'HOMÈRE, 4.e édit., revue, corrigée avec le plus grand soin, et augmentée de plusieurs remarques; ornée du portrait d'Homère, gravé par Saint-Aubin; du bouclier d'Achille, et de la Carte homérique, pour servir à l'intelligence du texte (1).

JOSEPH, 7.e édition, revue et corrigée, 1 vol.

LES BATAVES, nouvelle édition entièrement refondue.

HERMAN et DOROTHEE, traduit de l'allemand de Goëthe; suivi de plusieurs Mémoires sur la littérature des anciens.

Prix des 9 vol. brochés et étiquetés . . . . . 45 f.
Pap. grand raisin, brochés et étiquetés 67
Pap. carré vél. d'Annonay, brochés et étiquetés . 90
Pap. gr. raisin vélin superfin, *dont il n'a été tiré que très-peu d'exemplaires*, brochés et étiquetés. 135
Il y a quelques exemplaires, avec les eaux-fortes et le portrait avant la lettre, prix brochés . . 150

---

(1) Cette Carte, qui n'a point encore paru, sera aussi donnée aux personnes qui prendront les trois derniers volumes, pour compléter les anciennes édit. d'Homère.

www.ingramcontent.com/pod-product-compliance
Ingram Content Group UK Ltd.
Pitfield, Milton Keynes, MK11 3LW, UK
UKHW012012240726
13965UKWH00002B/320

9 782013 250931